工程质量提升与管理创新系列丛书

建筑与市政工程施工现场专业人员能力提升培训教材

# 建筑机电安装工程管理
## （施工员、质量员适用）

中国建筑业协会　组织编写

陕西建工控股集团有限公司　主　　编

中国建筑工业出版社

**图书在版编目（CIP）数据**

建筑机电安装工程管理 ：施工员、质量员适用 / 中国建筑业协会组织编写 ；陕西建工控股集团有限公司主编. -- 北京 ：中国建筑工业出版社，2025. 6. --（工程质量提升与管理创新系列丛书）（建筑与市政工程施工现场专业人员能力提升培训教材）. -- ISBN 978-7-112-31111-8

Ⅰ. TU85

中国国家版本馆CIP数据核字第2025L11G90号

本教材以岗位职责为基础，以工序为线索，突出问题导向，梳理建筑机电安装工程（施工员、质量员）岗位实际工作中容易产生的问题、痛点、难点；结合相关施工技术的国家标准、行业标准以及企业要求，分析各项质量通病、工作失误等产生的原因；并给出防治经验和措施，使质量通病防治更加标准化、形象化、具体化，减少工作失误，切实提升施工现场专业人员职业能力，保证工程质量安全和施工效率。 整体内容结构安排如下 ：（1）职业素养篇 ：基础部分。（2）质量通病防治篇 ：问题→原因分析→防治（处理）措施。（3）创新篇 ：结合相关案例展开。

丛书策划 ：高延伟　李　杰　葛又畅
责任编辑 ：李　慧　葛又畅　李　杰
责任校对 ：赵　菲

工程质量提升与管理创新系列丛书

建筑与市政工程施工现场专业人员能力提升培训教材

**建筑机电安装工程管理**

**（施工员、质量员适用）**

中国建筑业协会　组织编写

陕西建工控股集团有限公司　主　编

\*

中国建筑工业出版社出版、发行（北京海淀三里河路9号）

各地新华书店、建筑书店经销

北京鸿文瀚海文化传媒有限公司制版

天津安泰印刷有限公司印刷

\*

开本 ：787毫米×1092毫米　1/16　印张 ：17¼　字数 ：336千字

2025年6月第一版　　2025年6月第一次印刷

定价 ：**79.00**元

ISBN 978-7-112-31111-8

（44802）

建筑与市政工程施工现场专业人员（以下简称施工现场专业人员）是工程建设项目现场技术和管理关键岗位的重要专业技术人员，其人员素质和能力直接影响工程质量和安全生产，是保障工程安全和质量的重要因素。为进一步完善施工现场专业人员能力体系，提高工程施工效率，切实保证工程质量，中国建筑业协会、中国建筑工业出版社联合组织行业龙头企业、地方学协会等共同编写了本套丛书，按岗位编写，共18个分册。为了高质量编写好本套丛书，成立了编写委员会，从2022年8月启动，先后组织了四次编写和审定会议，大家集思广益，几易其稿，力争内容适度，技术新颖，观点明确，符合施工现场专业技术人员能力提升需要。

各分册包括基础篇、提升篇和创新篇等内容。其中，基础篇介绍了岗位人员基本素养及工作流程，描述了本岗位应知、应会的知识；提升篇聚焦工作中常见的、易忽略的重（难）点问题，提出了前置防范措施和问题发生后的解决方案，实际指导施工现场工作；创新篇围绕工业化、数字化、绿色化等行业发展方向，展示了本岗位领域较为成熟、经济适用且推广价值高的创新应用。整套教材突出实用性和适用性，力求反映施工一线对施工现场专业人员的能力要求。在编写和出版形式上，对重要的知识难点或核心知识点，采用图文并茂的方式来呈现，方便读者学习和阅读，提高本套丛书的可读性和趣味性。

期望本套丛书的出版，能促进从业人员能力素质提升，助力住房和城乡建设事业实现高质量发展。编写过程中，难免有不足之处，敬请各培训机构、教师和广大学员，多提宝贵意见，以便进一步修订完善。

# 前言

党的二十大报告指出："高质量发展是全面建设社会主义现代化国家的首要任务"，高质量发展将成为我国建筑与市政工程建设的根本要求，建筑机电安装工程的高质量发展也越来越受到社会各方的高度重视。本书意在培养和提升建筑机电安装施工员、质量员等技术管理人员的核心能力，加快职业高校学生和施工企业员工的孵化和成长，引导广大建筑企业注重工匠精神及技术创新，推动建筑机电设备安装质量水平再上新台阶。

本书分为基础篇（基本素养、工作流程）、提升篇（难点与解析）和创新篇（技术创新），由浅入深、由易到难、循序渐进，完整的阐述了建筑机电安装工程基本要求、工作流程、常见质量问题及重难点解析，同时收集到近几年建筑施工企业已创建的优质工程中的创新做法，供读者学习和推广建筑机电安装工程使用的新技术、新工艺、新材料、新设备，传播"创新、协调、绿色、开放、共享"的发展理念。

本书由张选兵、徐建荣两位行业资深专家主编、统稿。第一章，由徐建荣执笔，主要是针对施工现场施工员、质量员，讲述了统一要求、岗位要求、从业者应该熟悉的相关法律法规标准和图纸设计、应该掌握的材料设备、应该执行的安全生产与绿色施工相关规定；第二章，由李亚军（电气、智能、电梯）和张选兵（水暖、通风空调）执笔，分别从建筑电气、给水排水及采暖、通风与空调、智能建筑、电梯等分部工程，详细讲述了

"五大分部"中常用设备、器具、管线等安装施工的工作流程和操作方法；第三章～第七章，分别由张柯（电气）、郭晓杰（水暖）、张旭（通风空调）、安军（智能、电梯）执笔；第八章，由袁志钢执笔。参与本书编写的各位专家，以多年的施工操作经验，列举了建筑机电安装工程关键节点、关键部位等工艺难点，一针见血地指出常见质量问题，严谨细致的进行解析，精益求精的提出正确做法。同时，遴选出近年来精品工程施工技术的创新与结晶，全方位、多角度、深层次，综合展现了信息化、数字化、智能化和智慧化等新型建造方式融入传统建筑施工的全过程。

本书贴近现阶段建筑机电安装工程，内容实用，图文并茂，简明易懂，是广大机电安装从业人员的自学读物，也是职业技术人才核心能力培训的优质教材。

感谢陕西建工集团股份有限公司、江苏南通三建集团股份有限公司、上海建工一建集团有限公司等企业，为本书提供精品工程的技术创新与成果。

由于时间紧迫、水平有限，书中难免存在不足和疏漏之处，望广大读者见谅，并恳请将意见及建议发送至：陕建集团工程一部（地址：西安市航天基地，东长安街660号，陕建新天地，邮编710199，电话：029-85877810；邮箱：511235334@qq.com），以供今后修订时参考。

# 目录

## 基础篇

## 提升篇

# 创 新 篇

基础篇

# 第一章 基本素养

## 1.1 统一要求

施工员、质量员应在职业资历、岗位基本能力、组织管理能力、个人品质、专业技术能力、规范标准的掌握等方面满足项目建设管理的需求。

职业资历：包括学历，职称，工龄等。学历是履行岗位职责所要求的最低文化水平；职称是履行岗位职责所要求的最低专业技术或管理职务；工龄能胜任岗位所需要的工作经历。

岗位基本能力：语言表达能力，观察判断能力，沟通能力，计算机应用能力，获取信息能力，改进、创新能力，自主学习能力等。不同岗位对其有不同能力标准要求。

组织管理能力：决策能力，计划能力，组织能力，控制能力，协调能力，指挥能力，执行能力，分析能力等。不同岗位对其有不同能力标准要求。

专业技术能力：专业技术基础能力，施工技术应用能力。解决工程项目施工技术难题的能力。

职业道德：有大局意识，团结协作精神，作风正派，廉洁自律，坚持原则，秉公办事。

学习能力：熟悉国家有关的方针、政策、法律、法规、规范标准和企业规章制度。有及时、果断处理突发事件和各种复杂问题的能力。

## 1.2 岗位要求

机电安装施工员、质量员在建筑机电安装施工过程中承担着技术、质量、安全、施工组织等管理职责，贯穿施工全过程，包括组织准备、技术准备、样板策划、组织实施、过程管理、竣工验收、移交维保等相关工作，其能力的大小和管理水平的高低，直接影响工程质量的优劣。

机电安装施工员担负着专业作业层施工安装各项技术和管理工作，在整个施工管理过程中，涵盖从审图，编制施工方案、施工进度计划、施工预算、材料及机具计划，技术交底，技术措施及安全文明施工措施、环保卫生措施的制定，新技术、新材料、新工艺、新机具的推广，施工过程检查及验收，合理安排、科学组织施工作业劳动力的调配，做好经济核算、降低成本、实现项目工程质量、工期以及经济效益等各项经济技术指标的全流程工作。

　　机电安装质量员是工程施工质量标准的把关者和验收者，其业务水平和工作能力对工程质量有直接的影响。质量员在建筑工程施工现场从事施工质量策划、过程控制、检查、监督和验收等工作。

　　一名合格的施工员/质量员必须熟悉自己的工作职责，具备一定的专业技能和专业知识，具有良好的职业素养和道德水准，具备工作的主动性和责任心，吃苦耐劳，才能把项目全过程的管理、控制工作顺利完成。

## 1.2.1　工作职责

### 1. 施工员

　　施工员作为工程管理的关键性人物，一方面要履行施工现场行政管理与控制职能，协调管理各分包单位和施工班组；另一方面要对自己负责的施工范围直接进行组织和实施。施工员的工作职责见表1-2-1。

施工员工作职责　　　　　　　　　　　表1-2-1

| 项次 | 分类 | 主要职责 |
|---|---|---|
| 1 | 施工组织策划 | （1）参与施工组织管理策划<br>（2）参与制定管理制度 |
| 2 | 施工技术管理 | （3）参与图纸会审、技术核定<br>（4）负责施工作业班组的技术交底<br>（5）负责组织测量放线、参与技术复核 |
| 3 | 施工进度成本控制 | （6）协助项目负责人参与制定并调整施工进度计划、施工资源需求计划，编制施工作业计划<br>（7）参与做好施工现场组织协调工作，合理调配生产资源；落实施工作业计划<br>（8）参与现场经济技术签证、成本控制及成本核算<br>（9）负责施工平面布置的动态管理 |
| 4 | 质量安全环境管理 | （10）参与质量、环境与职业健康安全的预控<br>（11）负责施工作业的质量、环境与职业健康安全过程控制，参与隐蔽、分项、分部和单位工程的质量验收<br>（12）参与质量、环境与职业健康安全问题的调查，提出整改措施并监督落实 |
| 5 | 施工信息资料管理 | （13）负责编写施工日志、施工记录等相关施工资料<br>（14）负责汇总、整理和移交相关施工资料 |

## 2. 质量员

质量员作为施工过程的直接管理者，一方面具有行政管理职能，需要管理作业班组，另一方面又是技术质量管理人员，从事施工全过程的质量管理和验收工作。质量员的工作职责见表1-2-2。

质量员工作职责 表1-2-2

| 项次 | 分类 | 主要职责 |
|---|---|---|
| 1 | 质量计划准备 | （1）参与进行施工质量策划<br>（2）参与制定质量管理制度 |
| 2 | 材料质量控制 | （3）参与材料、设备的采购<br>（4）负责核查进场材料、设备的质量保证资料，监督进场材料的抽样复验<br>（5）负责监督、跟踪施工试验，负责计量器具的符合性审查 |
| 3 | 工序质量控制 | （6）参与施工图会审和施工方案审查<br>（7）参与制定工序质量控制措施<br>（8）负责工序质量检查和关键工序、特殊工序的旁站检查，参与交接检验、隐蔽验收、技术复核<br>（9）负责检验批和分项工程的质量验收、评定，参与分部工程和单位工程的质量验收、评定 |
| 4 | 质量问题处置 | （10）参与制定质量通病预防和纠正措施<br>（11）负责监督质量缺陷的处理<br>（12）参与质量事故的调查、分析和处理 |
| 5 | 质量资料管理 | （13）负责质量检查的记录，编制质量资料<br>（14）负责汇总、整理、移交相关质量资料 |

## 1.2.2 专业能力

专业技能是指通过学习训练掌握的，运用相关知识完成专业工作任务的能力。施工员、质量员应注重日常的学习，不断丰富完善自己的知识结构，不断实践，提高自身专业能力。在项目实施过程中，必须熟悉国家的法律法规、标准及质量验收规范、施工图纸、材料设备基本知识、试验测量基本知识、分析问题的方法等，才能做好本职工作。

施工员、质量员应具备的通用基础岗位知识见表1-2-3。

施工员、质量员应具备的通用基础岗位知识 表1-2-3

| 项次 | 分类 | 内容 |
|---|---|---|
| 1 | 通用知识 | （1）熟悉国家工程建设相关法律法规<br>（2）熟悉工程材料的基本知识<br>（3）掌握施工图识读、绘制的基本知识 |

| 项次 | 分类 | 内容 |
|---|---|---|
| 1 | 通用知识 | （4）熟悉工程施工工艺和方法<br>（5）熟悉工程项目管理的基本知识 |
| 2 | 基础知识 | （6）熟悉机电相关专业知识<br>（7）熟悉建筑和机电设备的基本知识<br>（8）熟悉工程预算的基本知识<br>（9）掌握计算机和相关资料信息管理软件的应用知识<br>（10）熟悉施工测量的基本知识<br>（11）掌握抽样统计分析的基本知识 |
| 3 | 岗位知识 | （12）熟悉与本岗位相关的标准规范和管理规定<br>（13）掌握施工组织设计及专项施工方案的内容和编制方法<br>（14）掌握施工进度计划的编制方法<br>（15）熟悉环境与职业健康安全管理的基本知识<br>（16）熟悉工程质量管理的基本知识<br>（17）熟悉工程成本管理的基本知识<br>（18）了解常用施工机械机具的性能<br>（19）了解施工试验的内容、方法和判定标准<br>（20）掌握工程质量问题的分析、预防及处理方法 |

在整个施工管理过程中，对施工员、质量员应具备的专业知识能力的具体要求如下：

1）熟悉国家工程建设相关法律法规，熟悉《中华人民共和国建筑法》《中华人民共和国民法典》《建设工程质量管理条例》《建设工程安全生产管理条例》等法律法规，了解建设责任主体的责任界限，规范和保障责任主体基本利益，在法律法规指导的前提下，规范管理行为，以便更有效地开展施工及质量管理工作。

2）熟悉工程材料的基本知识，掌握机电安装方面的各种材料的材质、规格型号、基本物理及化学性能，熟悉机电安装工程常用钢材的使用范围，非金属材料的使用范围，熟悉电工线材的种类及使用范围，熟悉常用于保温、防腐的各类容器、管道、通风空调管道等绝热材料的使用范围等。

3）掌握施工图识读、绘制的基本知识，理解机电施工图的成图原理和制图标准，识别图纸说明、平面图、系统图、控制原理图等，识别图纸中所需的各种主要设备、管道、电线等的名称、型号、规格和数量；掌握手工绘图、修改和校正方法，熟练CAD等软件，掌握图层切换、尺寸丈量等常用功能。

4）熟悉工程施工工艺和方法，掌握机电安装分项工程中的各项施工工艺，熟悉施工顺序，了解工艺做法及要点，清楚产品成型后的规范验收要求。

5）熟悉工程项目管理的基本知识，包括施工管理、人力资源管理、材料管理、机械设备管理、技术管理和资源管理等，从质量、安全、工期、造价、环境等多方面着手，掌握从策划、实施、检查、处置或改进的过程方法，熟悉项目管理工具甘特图、雷达图、时间线、WBS图等的运用。

6）熟悉机电相关专业知识，包括基础理论、专业知识、实践经验等，专业涵盖面包括：建筑给水排水及采暖、建筑电气、通风与空调、智能建筑、电梯等。

7）熟悉建筑和机电设备的基本知识，包括基础理论、专业知识、实践经验等，掌握建筑给水排水工作原理，掌握机电设备工作原理，掌握供配电系统和自动化控制原理。

8）熟悉施工测量的基本知识，熟知水准、距离、角度测量要点，熟练运用水准仪、经纬仪、铅垂仪、测距仪等仪器，熟练运用万用表、电阻测试仪、压力表等机电测试仪器。

9）熟悉与本岗位相关的标准规范和管理规定，掌握机电安装施工质量验收规范的各项条款，对未知的问题能够快速有效地查阅规范，形成解决方案；并遵守国家法律法规规定的各项质量、安全管理条例，在法律法规和公司规章管理制度下履行项目施工管理。

10）熟悉工程质量管理的基本知识，掌握施工质量控制的程序、内容和要求，掌握影响质量管理的因素，能够从人、材料、设备、方法、环境五个方面分析原因，并掌握施工质量问题的处理方法。

11）掌握施工组织设计及专项施工方案的内容和编制方法，掌握施工组织设计的编制要点，包括质量、安全文明及工期的各项指标、保障措施、总平面图布置、劳动力计划、机械设备安排等；掌握机电安装专项施工方案的编制要点，包括工程特点、难点，解决措施等。

12）掌握施工进度计划的编制方法，根据图纸工程量，结合施工部署，能够合理制定项目机电安装工期，抓住关键线路，绘制进度计划表，并掌握横道图、甘特图、网络图的进度计划绘图要点。

13）掌握抽样统计分析的基本知识，掌握工程质量控制的统计分析方法，掌握调查表法、分层法、排列图法、因果图法、直方图法、控制图法等相关图法的用途，并能够熟练绘制。

14）掌握施工质量计划的内容和编制方法，掌握实际运作的步骤，掌握必要的质量控制手段、施工过程、服务、检验和试验程度等，能够结合工程特点及施工条件确定质量控制点及其跟踪控制的方式与要求。

15）熟悉工程质量控制的方法，掌握现场质量检查的内容、检查的方法，掌握事前控制、事中控制、事后控制的措施，能够按质量实施细则对施工过程进行检查，及时纠正违规操作，消除质量隐患，跟踪质量问题，验证纠正效果。

16）了解施工试验的内容、方法和判定标准，熟悉机电安装常规的检测试验项目，熟悉检测的方法与工具，熟悉机电安装系统运行及影响使用功能的第三方检测项目，熟悉检测的范围、批次和方法，熟悉合格与否的判定标准。

17）掌握工程质量问题的分析、预防及处理方法，能够从多角度分析质量问题产生的原因，能够针对质量问题进行展开调查、抓住主要问题点，能够正确选择质量问题的处理方案，处理完毕后能正确判定造成质量缺陷的原因，并落实有效的预防措施。

18）熟悉环境与职业健康安全管理的基本知识，了解文明施工与现场环境保护的要求，了解安全危险源分类及防范重点，了解安全事故的分类与处理，了解保障职工安全和身体健康的培训方式与管理办法。

19）熟悉工程成本管理的基本知识，熟悉工程成本的构成及管理特点，熟悉工程成本控制的对象和内容，执行成本控制方案的实施内容。

20）了解常用施工机械机具的性能，掌握起重机械、运输机械、加工机械等的工作原理、性能及用途，掌握台钻、切割机、电焊机、氧气乙炔等气割装置、手提冲击钻、套丝机以及电工、钳工等常用仪器的工作原理、性能及用途。

21）掌握绿色建造的具体内容，熟悉机电安装设计的绿色建筑专篇内容，掌握各项绿色建造的材料要求，熟悉绝缘、隔声、防腐、保温等常用材料的环保性能；掌握施工阶段绿色施工的工艺技术，掌握机电安装系统使用阶段的绿色管理方式，包括节能管理、水资源管理、环境管理等。

22）熟悉数字化建造、智慧建造的基本内容，了解BIM技术、物联网技术、3D打印技术、人工智能技术、云计算技术和大数据技术的基本原理和应用范围，了解智能化工具和设备的应用情况，对建筑业未来"互联网＋"协同智能制造技术、信息化装配技术等有所了解。

## 1.3 熟悉相关法律法规标准

机电安装工程施工员、质量员需熟悉的法律法规、规范标准、图集见表1-3-1。

机电工程常用法律法规、规范标准、图集一览表　　　　　　表1-3-1

| 项次 | 分类 | 法律法规、规范标准名称 |
|---|---|---|
| 1 | 法律法规 | （1）《中华人民共和国建筑法》<br>（2）《中华人民共和国民法典》<br>（3）《中华人民共和国招标投标法》 |

续表

| 项次 | 分类 | 法律法规、规范标准名称 |
|---|---|---|
| 1 | 法律法规 | （4）《中华人民共和国环境保护法》<br>（5）《建设工程质量管理条例》<br>（6）《建设工程安全生产管理条例》<br>（7）《建设工程勘察设计管理条例》 |
| 2 | 规范标准 | （8）《建筑工程施工质量验收统一标准》GB 50300—2013<br>（9）《人民防空工程施工及验收规范》GB 50134—2004<br>（10）《建筑节能工程施工质量验收规范》SZJG 31—2010<br>（11）《建筑防腐蚀工程施工质量验收标准》GB/T 50224—2018<br>（12）《建筑内部装修防火施工及验收规范》GB 50354—2005<br>（13）《机械设备安装工程施工及验收通用规范》GB 50231—2009<br>（14）《起重设备安装工程施工及验收规范》GB 50278—2010<br>（15）《建筑电气工程施工质量验收规范》GB 50303—2015<br>（16）《建筑电气与智能化通用规范》GB 55024—2022<br>（17）《智能建筑工程质量验收规范》GB 50339—2013<br>（18）《智能建筑工程施工规范》GB 50606—2010<br>（19）《电梯工程施工质量验收规范》GB 50310—2002<br>（20）《建筑给水排水及采暖工程施工质量验收规范》GB 50242—2002<br>（21）《通风与空调工程施工质量验收规范》GB 50243—2016<br>（22）《通风与空调工程施工规范》GB 50738—2011<br>（23）《电气装置安装工程母线装置施工及验收规范》GB 50149—2010<br>（24）《电气装置安装工程电缆线路施工及验收标准》GB 50168—2018<br>（25）《电气装置安装工程接地装置施工及验收规范》GB 50169—2016<br>（26）《火灾自动报警系统施工及验收标准》GB 50166—2019<br>（27）《电气装置安装工程盘、柜及二次回路接线施工及验收规范》GB 50171—2012<br>（28）《电气装置安装工程低压电器施工及验收规范》GB 50254—2014<br>（29）《电气装置安装工程电力变流设备施工及验收规范》GB 50255—2014<br>（30）《建筑电气照明装置施工与验收规范》GB 50617—2010<br>（31）《建筑物防雷工程施工与质量验收规范》GB 50601—2010<br>（32）《消防应急照明和疏散指示系统》GB 17945—2010<br>（33）《消防控制室通用技术要求》GB 25506—2010<br>（34）《消防设备电源监控系统》GB 28184—2011<br>（35）《综合布线系统工程验收规范》GB/T 50312—2016<br>（36）《自动喷水灭火系统施工及验收规范》GB 50261—2017<br>（37）《气体灭火系统施工及验收规范》GB 50263—2007<br>（38）《建筑灭火器配置验收及检查规范》GB 50444—2008<br>（39）《给水排水管道工程施工及验收规范》GB 50268—2008<br>（40）《民用建筑太阳能热水系统应用技术标准》GB 50364—2018<br>（41）《制冷设备、空气分离设备安装工程施工及验收规范》GB 50274—2010<br>（42）《风机、压缩机、泵安装工程施工及验收规范》GB 50275—2010<br>（43）《民用建筑工程室内环境污染控制标准》GB 50325—2020<br>（44）《建设工程项目管理规范》GB/T 50326—2017<br>（45）《建设工程文件归档规范》GB/T 50328—2014（2019年版）<br>（46）《安全防范工程技术标准》GB 50348—2018 |

续表

| 项次 | 分类 | 法律法规、规范标准名称 |
|---|---|---|
| 2 | 规范标准 | （47）《质量管理体系要求》GB/T 19001—2016<br>（48）《职业健康安全管理体系要求及使用指南》GB/T 45001—2020<br>（49）《工程测量标准》GB 50026—2020<br>（50）《建筑工程建筑面积计算规范》GB/T 50353—2013 |
| 3 | 图集 | （51）《建筑电气工程设计常用图形和文字符号》09DX001<br>（52）《建筑电气工程施工安装》18D802<br>（53）《建筑电气设施抗震安装》16D707—1<br>（54）《建筑电气常用数据》19DX101—1<br>（55）《通风与空调工程》11BS6 |

## 1.4　熟悉图纸相关知识

建筑机电安装工程施工员、质量员应具备看图、识图和深化设计能力。

### 1.4.1　看图

**1. 掌握机电安装施工图的组成内容**

1）机电安装施工图纸一般由目录标题栏、设计说明、图例、设备器材图表、系统图、平面布置图、安装接线图和大样图等组成。

2）设计说明包括：设计依据、工程概况、负荷等级、安保方式、接地要求、负荷分配、线路敷设方式、设备安装高度、施工注意事项、测试参数及施工原则等。

3）图例包括：图形符号，在图例中可以标注装置与器具的安装方式和安装高度等。

4）设备器材图表包括：图纸中的电气设备、给水排水设备、通风设备、采暖制冷设备、器具及各类材料明细等。

5）系统图包括：电气原理图、室内室外给水排水系统图、水处理工艺图、通风与空调系统图，及其他指导施工及安装调试的图纸等。

6）平面布置图包括：变配电站的位置、控制箱、电源及照明等设备平面布置和主要尺寸，给水排水源位置、管道走向，空调系统的设备、风管系统、冷热媒管道、凝结水管道的平面布置情况等。

7）安装接线图包括：屏后接线图、端子排图和电缆联系图，以及指导电气安装、设备检查接线的图纸等。

8）大样图包括：电缆沟、配电柜、电气暗管、防雷、水管、消火栓、管道支架、通风柜、机组安装等大样图。

**2. 掌握机电安装施工图看图方法和步骤**

1）遵循按分部分项工程划分的原则，按建筑电气等不同分部展开看图，找出每个分部中的分项工程，按分项工程看图。

2）电气专业先强电后弱电、给水排水专业先给水后排水、通风与空调专业先送风后排风、回风，看图步骤先系统后平面、先下层后上层、先室内后室外、先简单后复杂。

3）看图的方法及顺序：目录标题栏→设计说明→图例、设备器材图表→系统图→平面布置图→安装接线图→大样图→设备材料表。

4）看目录标题栏：了解各分部工程图纸的数量及各种图纸的编号，了解该机电工程项目名称、设计单位、设计日期、绘图比例。

5）看设计说明：了解工程概况、总体设计说明、供电方式、给水排水方式、通风与空调类型、任务依据、测设过程、建设条件（包括自然条件、交通测量条件、各项技术论证等）、总体方案设计等。

6）看图例、设备器材图表：了解各图例符号所表示的设备器具名称及标注说明，对各种参数的设计值记录、分析、提炼。

7）看系统图：各分部分项工程都有系统图，了解主要设备、元件连接关系，工作原理方式及规格、型号、参数等。

8）看平面图：了解建筑物的平面布置、轴线、尺寸、比例、各种设备的型号、名称和它们在平面上的位置、各种设备起点、终点、敷设方式及在建筑物中的走向。

9）看安装接线图：了解各系统中用电设备控制原理，用来指导设备安装及调试工作。在控制系统调试及校线工作中，依据功能关系上至下或从左至右逐个回路阅读。

10）看大样图：了解大样图中详细表达的设备、装置、器材的安装方式和方法。

11）看设备材料表：了解设备材料表中列出的设备、材料的型号、规格、数量，为编制施工方案、编制预算、材料采购提供依据。

## 1.4.2 识图

**1. 掌握识图的基本方法**

1）循序渐进、主次分明：首先仔细阅读设计说明，了解建筑物的概况、材料要求、质量标准、施工注意事项以及一些特殊的技术要求；其次熟悉图纸中建筑物的平面形状，各类系统的布置方式，以及设备所在位置，对建筑物机电系统形成一个空间概念；最后根据大样图或节点图，了解设备器材的安装方式，领会并理解设计意图。

2）记住尺寸：对建筑物的一些主要尺寸，主要设备的规格、型号、位置、数量等，必须牢记。

3）厘清图纸间逻辑关系：清楚每张图纸之间的相互关系，从不同的方面表达某一个部位的做法和要求，核对基本图和详图之间的一致性，核对系统图与平面图的匹配性、关联性等。

**2. 掌握识图的基本要点**

1）抓住每张图纸中的关键：抓住管线平面图、系统图、原理图等的关键点，掌握机电各系统的设计要求、具体尺寸、位置、相互间的衔接关系以及所用的材料等。

2）掌握设计图纸的特点、要点：熟悉特殊部位的处理要求，熟悉机电系统中关键部位的处理要求，熟悉材料的质量标准或对特殊材料的技术要求，熟悉新工艺、新材料等的特殊施工工艺要求。

3）图表数据核对：先将看图时理解的各种数据，与有关表中的数据进行核对，如发现型号不对、规格不符、数量不等时，再次认真核对，进一步加深理解，提高对设计图纸的认识，同时及时发现图表中的错误。

4）仔细认真、一丝不苟：对施工图中的每个数据、尺寸、图例、符号、每条文字说明，都不随意放过，对图纸中表述不清或尺寸短缺的部分，不能凭想象、估计、猜测来施工，必须询问设计人员，与设计人员共同解决。

5）各专业相互结合：土建与机电安装结合，识别机电施工图时，各种管、沟的进口、位置、大小、标高与土建预留图是否交圈；室内与室外结合，各种管线进出口的具体位置、方向、标高与室外管线是否交圈。

## 1.4.3 深化设计

**1. 熟悉深化设计的基本步骤**

明确设计思路→收集设计参数（建筑图、精装图、功能区划分、关键设备及材料的型号规格、安装工艺等）→提出深化设计大纲→各专业互相提供设计参数并相互协作→绘制各专业深化设计图纸→各专业深化图纸审批→绘制机电综合图→机电综合图与精装图核对→原设计单位批准→对现场施工人员进行设计和施工交底→过程中反馈和修改图纸→绘制深化设计竣工图。

**2. 掌握深化设计的技术与协调措施**

1）掌握三维软件的运用，辅助设计提高深化设计的质量，提高深化设计图纸的可视性，为更好的指导现场操作人员进行作业施工，为施工现场合理安排施工次序、优化施工方案提供技术依据。

2）掌握BIM技术运用，对机电安装进行BIM建模，借助软件进行准确建模，实现智能、直观的深化设计流程，从整体角度处理信息，将空调、暖通、消防和电气系统与建筑模型关联起来，实现管线碰撞、跟踪项目进度、工程量统计与造价分析等。

3）理解样板引路制度，及时修正深化设计缺陷，深化设计图纸完成后，根据拟定的样板计划，选择具有代表性的区域或部位进行样板施工，在样板实施过程中，对深化设计中的漏项进行及时修正和完善。

4）掌握深化设计及协调管理，深化设计完成后，在安装过程中，做到施工前综合考虑，施工中综合协调，施工后综合完善，保证系统的各方面功能达到设计要求。

5）掌握技术合理性原则，有压管让无压管，保证使用功能，优先保证水平的排水管、冷凝水管等无压管坡度；小管让大管，保证总体效果美观。除无压管道外，保证风管、母线、电缆桥架等优先排布原则。

6）考虑经济性原则，在不影响使用功能和美观的前提下，考虑专业管线排列的经济性。

**3. 掌握绘制机电安装深化设计图纸的基本要点**

1）绘制管线综合图，对重点部位绘制大样图，管线密集的部位绘制局部剖面图。

2）绘制机电各设备管线预留洞、预留套管、预埋件的精确位置。

3）根据设备的定货尺寸要求，绘制机房大样图和设备基础图。

4）绘制平面图中各专业机电设备、管线空间平面、高度，并进行详细尺寸标注。

5）绘制机电各设备管线的支吊架、做法和平面安装位置，通过统一支架安装形式建立统一风格。

# 1.5 掌握材料设备相关知识

建筑机电安装工程施工员、质量员应熟悉主要机电材料设备相关知识，如配电柜（箱）、电缆桥架、母线槽、电线电缆、灯具、开关等的规格、型号、特性、使用场合和施工方法。

具体需掌握的材料设备相关知识如表1-5-1所示。

机电安装常用材料设备一览表 表1-5-1

| 序号 | 材料名称 | 相关知识 |
| --- | --- | --- |
| 1 | 电线电缆 | 是用以传输电（磁）能、信息和实现电磁能转换的线材产品，按导电线芯的材料分为铝芯电缆和铜芯电缆两类；按线芯数量可以划分为单芯电缆、多芯电缆；主要用于发、配、输、变、供电线路中的电能传输，为通信系统输送信号，以及实现电磁能转换 |

| 序号 | 材料名称 | 相关知识 |
|---|---|---|
| 2 | 配电柜（箱） | 是配电系统的末级设备，一般分为动力配电柜（箱）和照明配电柜（箱）、计量柜（箱）；配电柜（箱）由不可燃材料制作，内部电气元件及线路应接触良好、连接可靠；柜（箱）的试验调整结果必须符合施工规范规定，柜（箱）的金属框架及基础型钢必须接地（PE）或接零（PEN）可靠；装有电器的可开启门与框架的接地端子间应用裸编织铜线连接，作好标识 |
| 3 | 电缆桥架 | 是由支架、托臂和安装附件等组成，具有密接支撑电缆的刚性结构系统；一般分为梯级式电缆桥架、托盘式电缆桥架、槽式电缆桥架、组合式电缆桥架几种；梯级式电缆桥架具有重量轻、成本低、安装方便、散热、透气好等优点，适用于一般直径较大电缆的敷设，适合高、低压动力电缆的敷设；托盘式电缆桥架具有重量轻、载荷大、造型美观、结构简单、安装方便等优点，既适用于动力电缆的安装，也适合控制电缆的敷设；槽式电缆桥架是一种全封闭型电缆桥架，适用于敷设计算机电缆、通信电缆及其他高灵敏系统的控制电缆等；组合式电缆桥架具有结构简单、配置灵活、安装方便、形式新颖等特点，适用各种电缆的敷设 |
| 4 | 母线槽 | 是由铜、铝母线柱构成的一种封闭的金属装置，用来为分散系统各个元件分配较大功率；一般由金属板保护外壳、导电排、绝缘材料及相关附件组成；具有体积小、容量大、施工周期短、装拆方便、安全可靠、使用寿命长等特点；在高层建筑中得到广泛应用 |
| 5 | 导管 | 是为疏导电线用的管子，用于保护单个电气导线并为其提供走向路径；材质由塑料或金属组成，一般分为PVC管、KBG管、JDG管等；PVC管绝缘性能好，耐电流击穿，无带电危险，耐冲击能力强，可暗敷于混凝土内；KBG管重量轻，施工简便，可用于装修吊顶，电气设备的暗装；JDG管无需做跨接地，可用于明装暗敷电线专用保护管路 |
| 6 | 灯具 | 是照明工具的统称，分为吊灯、台灯、壁灯、落地灯等；能透光、分配和改变光源分布的器具，包括除光源外所有用于固定和保护光源所需的全部零部件，以及与电源连接所必需的线路附件；灯具产品的好坏一般从材质、灯丝、亮度、3C认证、使用时间等方面辨别 |
| 7 | 开关 | 是指可以使电路开路、使电流中断或使其流到其他电路的电子元器件；按用途分为波动开关、波段开关、录放开关、电源开关、预选开关、限位开关、控制开关、转换开关、隔离开关、行程开关等；按开关数分为单控开关、双控开关、多控开关、调光开关、调速开关、防溅盒、门铃开关、感应开关、触摸开关、遥控开关、智能开关、插卡取电开关等 |
| 8 | 插座 | 是指有一个或一个以上电路接线可插入的座，通过它可插入各种接线；按用途分为民用插座、工业用插座、防水插座、普通插座、电源插座、电脑插座、电话插座、视频音频插座、移动插座、usb插座等 |
| 9 | 接闪器 | 是指直接接受雷击的避雷针、避雷带、避雷网，与引下线、接地装置有良好的电气连接；其作用是当雷击时，保护建筑物和建筑物内的电气设备；可划分为被动式避雷针以及主动式避雷针 |
| 10 | 等电位联结端子箱 | 是用于洗浴设备及相关插座的接地电箱，为了防止间接触电和防接地系统故障引起的爆炸和火灾而做的等电位联结；分总等电位联结端子箱和局部等电位联结端子箱两种；总等电位联结端子箱一般用于配电室内作重复接地用；局部电位联结端子箱一般用于住户的带洗浴设备的卫生间内，用于洗浴设备及相关插座的接地 |
| 11 | UPVC管 | 是一种以聚氯乙烯（PVC）树脂为原料，不含增塑剂的塑料管材；具有重量轻、运输方便、耐腐蚀、不结垢、能抑制细菌生长等特性；连接方式有承插胶圈连接、粘合连接以及法兰连接等；主要用于室内供水和室外市政水管等 |
| 12 | PE管 | 是一种以聚乙烯为原料的塑料管材；具有耐腐蚀、抗冲击、不结垢、不滋生细菌、使用寿命长、可挠性强等特征；连接方式有电热熔接、热熔对接、钢塑连接等；主要用于室内供水和室外市政水管等 |

| 序号 | 材料名称 | 相关知识 |
|---|---|---|
| 13 | PP–R管 | 是一种以无规共聚聚丙烯为原料的管材，又称三丙聚丙烯管；具有节能节材、环保、轻质高强、耐腐蚀、内壁光滑不结垢、施工和维修简便、使用寿命长等特征；连接方式有电热熔接、热熔对接等，主要用于室内供水和室外市政水管等 |
| 14 | 钢管 | 是一种钢制作的管材，按生产方法分为无缝钢管和焊接钢管，按材质分为碳素管和合金管等；具有强度高、工厂化加工等特征；连接方式有焊接、法兰连接、丝接、承插口连接及沟槽卡箍连接等；主要用于给水排水管道、煤气管道、蒸汽管道等 |
| 15 | 铸铁管 | 是一种用铸铁浇铸成型的管材，按制造方法分为砂型离心承插直管、连续铸铁直管及砂型铁管；按材质分为灰口铁管、球墨铸铁管及高硅铁管；具有机械性能好、防腐性能优、延展性能好、密封效果好、安装简易等特征；连接方式有承插式、法兰盘式等；主要用于生活排水管道、雨水管道、无侵蚀作用的工业生产废水管道和雨水管等 |
| 16 | 阀门 | 是一种流体输送系统中的控制部件，用来开闭管路、控制流向、调节和控制输送介质参数的管路附件；根据功能分为关断阀、止回阀、调节阀等，特殊用途包括清管阀、放空阀、排污阀、排气阀等；阀门的密封性能是最重要的技术性能指标，密封部位有启闭件与阀座两密封面间的接触处、填料与阀杆和填料函的配合处、阀体与阀盖的连接处等 |
| 17 | 法兰 | 是一种轴与轴之间相互连接的零件，用于管端之间的连接和设备进出口之间的连接；按化工行业标准分为整体法兰、螺纹法兰、对焊法兰、带颈平焊法兰、带颈承插焊法兰等，生产工艺主要为锻造、铸造、割制、卷制四种；主要作用是连接管道，特点是可拆卸，便于维护和更换；主要用于给水、排水、采暖、消防等系统 |
| 18 | 压力表 | 是一种以弹性元件为敏感元件，测量并指示高于环境压力的仪表，由溢流孔、指针、玻璃面板组成；按用途可分为普通压力表、氨压力表、氧气压力表、电接点压力表、远传压力表、耐振压力表等；主要用于热力管网、油气传输、供水供气等系统 |
| 19 | 消火栓 | 是一种固定式消防设施，主要作用是控制可燃物、隔绝助燃物、消除着火源，分室内消火栓和室外消火栓；由水枪、水带、消火栓结合消防管网组成，主要用于室内外的消防设施 |
| 20 | 支吊架 | 是支架和吊架的合称，是一种在各施工环节起着承担各配件及其介质重量、约束和限制建筑部件不合理位移以及控制部件振动等功能的构件；主要分为门式支吊架、根部支吊架、附件支吊架、抗震支吊架、承重支吊架等；主要用于给水排水、消防、采暖、通风、空调、燃气、电力、通讯等系统的机电安装工程 |
| 21 | 卫生器具 | 是一种供水或接受、排出污水或污物的容器或装置，是给水排水系统的重要组成部分；按作用分为便溺类卫生器具（大便器、小便器等）、盥洗淋浴类卫生器具（洗脸盆、淋浴器等）、洗涤用卫生器具（洗涤盆、污水盆等）、专用卫生器具（医疗、科学研究实验室等特殊需要器具） |
| 22 | 水泵 | 是一种输送液体或使液体增压的机械，技术参数有流量、吸程、扬程、轴功率、水功率、效率等；按用途分为输送泵、循环泵、消防泵、试压泵、排污泵、计量泵、冷凝泵、热网泵、冷却泵、暖通泵等；主要用于给水、排水、采暖、消防等系统 |
| 23 | 风管 | 是一种用于空气输送和分布的管道系统，有复合风管和无机风管，按截面形状可分为圆形风管、矩形风管、扁圆风管等多种；主要用于通风空调的安装等 |
| 24 | 风机 | 是一种提高气体压力并排送气体的机械，包括通风机，鼓风机等；按气体流动的方向可分为离心式、轴流式、斜流式、混流式、横流式等；性能参数主要有流量、压力、功率、效率和转速；主要用于建筑物的通风 |

续表

| 序号 | 材料名称 | 相关知识 |
|---|---|---|
| 25 | 冷冻机 | 是一种用压缩机改变冷媒气体的压力变化来达到低温制冷的机械设备，有水冷式、风冷式两种；由压缩机、冷凝器、蒸发器、干燥过滤器、膨胀节流阀串联而成；主要用于建筑物的制冷 |

# 1.6 安全生产与绿色施工

施工员、质量员应针对分项工程的施工部位和作业环境，对危险源进行识别，并应采取相应的安全措施，做出详细的安全技术交底。

## 1.6.1 安全生产

保证安全生产的关键和核心就是增加施工作业人员的安全意识，也是消除安全隐患的根本，只有作业人员意识到了安全的重要性才能为预期目标打下坚实基础。安全是工程管理的关键和根本，在施工过程中必须做好日常安全管理，拟定安全的控制措施，做好分项工程前的安全技术交底，才能有效避免安全事故的发生，杜绝、减少安全隐患。部分安全技术交底如下：

**1. 施工现场用电管理**

1）作业人员必须经过专业安全技术知识培训和考试合格，取得特殊工种作业操作证并持证上岗。

2）作业人员必须经过入场安全教育培训，考核合格后才能上岗作业。

3）电工作业时必须一人操作，一人监护，作业人员必须穿绝缘鞋，停电验电后挂停电检修标识牌再作业。

4）进入施工现场禁止吸烟，禁止酒后作业，禁止追逐打闹，禁止窜岗，禁止操作与自己无关的机械临电设备，严格遵守各项安全操作规程和劳动纪律。

5）进入作业地点时，先检查、熟悉作业环境；若发现不安全因素、隐患，必须及时向上级汇报，并立即处理整改，确认安全无误后再进行施工作业；对施工过程中发现危及人身安全的隐患，应立即停止作业，及时要求有关部门处理解决；现场所有安全防护设施和安全标志等，严禁私自移动和拆除，如需暂时移动和拆除的须报经有关负责人审批后，在确保作业人员及其他人员安全的前提下才能拆移，并在工作完毕（包括中途休息）后立即复原。

6）努力学习专业安全技术知识，爱岗敬业，养成良好的职业道德风尚，树立为生产一线服务的思想，确保安全用电。

7）严格执行安全用电有关规定和规范标准，服从安全管理，做到自己不违章作业，拒绝违章指挥，和及时制止他人违章作业。

8）禁止带电操作，需要拉闸操作和维修时，须经项目部有关部门审批，作业时执行安全用电的组织措施和技术措施，不得自行拆改用电设备设施和线路，严格按规范标准、施工组织设计和交底要求执行。

9）每天对现场用电设备、设施、线路进行两次例行巡视检查，发现问题及时停电检修并监护，同时报有关领导组织处理，所有设备、设施、线路要防护到位；设备、设施要保持整洁有效。

**2. 电焊作业**

1）焊接操作人员须经主管部门培训、考核，掌握操作技能和有关安全知识，并持证上岗。

2）施工现场禁止吸烟，严禁酒后作业，严禁追逐打闹，禁止窜岗，严格遵守各项安全操作规程和劳动纪律。

3）电焊作业人员作业时必须使用头罩或手持面罩，穿干燥工作服、绝缘鞋，用耐火防护手套，耐火的护腿套、套袖及其他劳动防护用品；要求上衣不准扎在裤子里，裤脚不准塞在鞋（靴）里，手套套在袖口外。

4）严禁借用金属管道，金属脚手架、轨道，结构钢筋等金属物代替导线。

5）焊接电缆横过通道时必须采取穿管、埋入地下或架空等保护措施。

6）雨雪天气、六级以上大风天气不得露天作业，雨雪过后应消除积水、积雪后方可作业。

7）在狭小空间或金属容器内作业时，必须穿绝缘鞋，脚下垫绝缘垫，作业时间不能过长，应两人轮流作业，一人作业一人监护，监护人随时注意操作人员的操作是否正确等情况，一旦发现危险情况应立即切断电源，进行抢救；身体出汗，衣服潮湿时，严禁将身体靠在金属及工件上，以防触电。

**3. 氧气乙炔的安全使用**

1）氧气瓶与乙炔瓶所放的位置，距火源不得少于10m。

2）乙炔瓶要放在空气流通较好的地方，严禁放在高压线下面，要立放固定使用，严禁卧放使用。

3）施工现场附近不得有易燃易爆物品。

4）装置要经常检查和维修，防止漏气；同时要严禁气路沾油，以防引起火灾。

5）氧气瓶、乙炔瓶（或乙炔发生器）在寒冷地区工作时，易被冻结，此时只能用温水解冻（水温为40℃），不准用火烤；同时也要注意不得放在高温处或日光下，直射温度不超过35℃。

6）使用乙炔瓶时，必须配备专用的乙炔减压器和回火防止器。

7）每变换一次工作地点，都要按上述要求检查。

8）氧气瓶和乙炔瓶装减压器前，要清除瓶口污物，以防污物进入减压器内。

9）瓶阀开启要缓慢平稳，以防气体损坏减压器。

10）点火前检查加热器是否有抽吸力，其方法是：拔掉乙炔胶管，只留氧气胶管，同时拧开氧气阀和乙炔阀，这时候用手指检查加热器乙炔接口处有无抽吸力。有抽吸力时，才能接乙炔管进行点火，如果没有抽吸力，则说明喷嘴处有故障，必须对加热器进行检修，直到有抽吸力时，才能进行点火。

11）在点火或工作过程中发生回火时，要立即关掉氧气阀门，然后再关闭乙炔阀门；重新点火前，要用氧气将瓶将管内的残余气体吹出。

## 1.6.2　绿色施工

为贯彻落实国家关于加强节能减排的工作部署，进一步促进和加强建筑节能减排工作，推广绿色施工；贯彻"以资源的高效利用为核心，以环保优先为原则"的指导思想，追求高效、低耗、环保，统筹兼顾，实现经济、社会、环保（生态）综合效益最大化的绿色施工模式。

在保证质量、安全等基本要求的前提下，通过科学管理和先进的技术，最大限度地节约资源与减少对环境产生负面影响的施工活动，实现"四节一环保"（节能、节地、节水、节材和环境保护）的目标。

# 第二章 工作流程

## 2.1 电气工程工作流程

电气工程工作流程如图2-1-1所示。

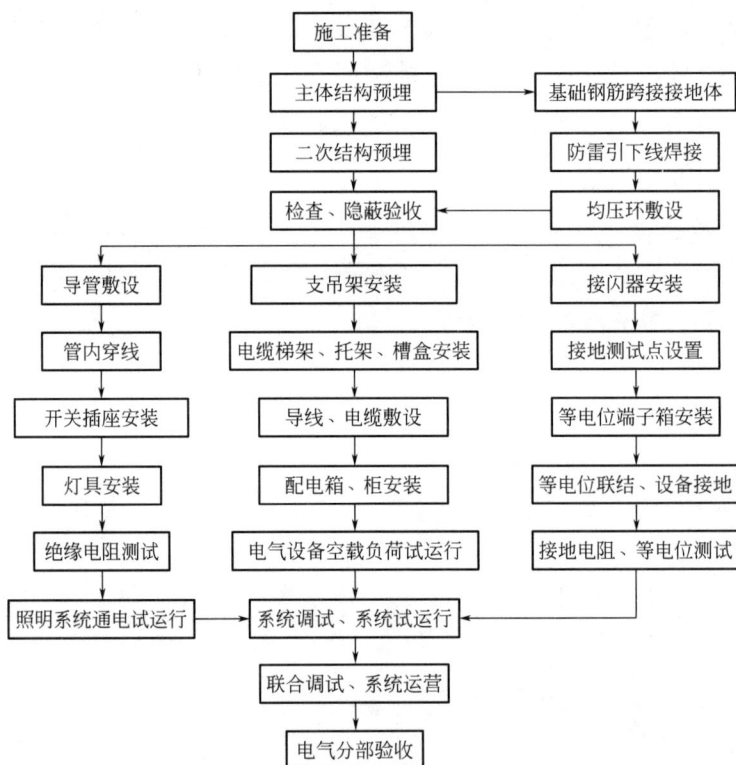

图2-1-1 电气工程工作流程

### 2.1.1 变配电设备安装

#### 1. 变压器安装

（1）工作流程：开箱检查→变压器二次搬运→变压器就位→检查接线→交接试验

（2）操作方法：

1）变压器到达现场后，按出厂文件一览表核对技术文件及产品附件是否齐全并检验。

2）变压器二次搬运可采用滚杠滚动及卷扬机拖运的运输方式。变压器搬运过程中不应有严重冲击及振动情况，利用机械牵引时牵引的着力点应在变压器重心以下，运输倾斜角不得超过15°，以防止倾斜使内部结构变形。

3）变压器就位时，应注意其方位和距墙尺寸与设计要求相符，图纸无标注时，纵向按轨道定位，并使屋内预留吊环的垂线位于变压器中心。变压器基础的轨道应水平，轨距与轮距应配合，装有继电器的变压器顶盖，沿气体继电器的气流方向有1.0%～1.5%的升高坡度。装有滚轮的变压器，滚轮应转动灵活，在变压器就位后，应将滚轮用能拆卸的制动装置加以固定。

4）变压器的一、二次接线、地线、控制导线均应符合相应的规定，油浸变压器附件的控制导线，应采用具有耐油性能的绝缘导线。变压器的低压侧中性点必须直接与接地装置引出的接地干线连接，变压器箱体、支架或外壳接地（PE）且有标识。所有连接必须可靠，紧固件及防松零件齐全。变压器中性点的接地回路中，靠近变压器处宜做一个可拆卸的连接点。如图2-1-2所示。

5）变压器应按《建筑电气工程施工质量验收规范》GB 50303—2015第3.1.5条的规定完成交接试验且合格。

图 2-1-2　干式变压器安装

## 2. 高低压配电柜安装

（1）工作流程：开箱检查→基础制作安装→配电柜安装→接线→接地

（2）操作方法：

1）检查配电柜技术资料是否齐全，所有的电气设备及元件均应有合格证，关键部件应有产品制造许可证的复印件，其证号应清晰。

2）按照混凝土基础、槽钢基础设计图纸，参照配电柜尺寸，用10号槽钢制作基础，在槽钢基础下面四角适当位置钻孔，地面（混凝土基础）相应位置用膨胀螺栓固定槽钢基础，调整水平，水平度允许偏差1‰。高低压配电柜安装如图2-1-3所示。

3）将柜体按编号顺序分别安装在基础型钢上，再找平找正。用不小于$\phi 10$镀锌螺栓固定，成排配电柜两两之间侧面用螺栓连接，配电柜垂直度允许偏差1.5‰，成排配电柜前面平整度不大于5mm，顶高高差不大于2mm，相邻配电柜连接缝隙不大于2mm；如图2-1-4、图2-1-5所示，配电柜门内侧应粘贴系统图。

4）按照系统图（接线图）将电缆、导线与相应的电气端子连接。

5）柜体的接地应牢固、可靠，以确保安全。装有电气部件的柜门应用截面积大于等于$4mm^2$黄绿相间软铜线与PE端子排连接。柜体安装完毕后每台柜体均应单独与保护导体做接地保护连接，以保证柜体的接地牢固良好。

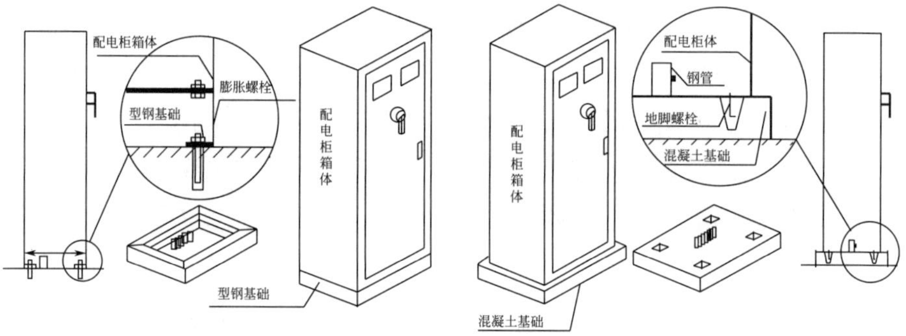

图 2-1-3　高低压配电柜安装

图 2-1-4　型钢基础配电柜安装示意

图 2-1-5　混凝土基础配电柜安装示意

### 3. 柴油发电机组安装

（1）工作流程：发电机安装前检查→混凝土基础验收→机组安装→排烟系统

安装→控制箱柜安装→机组接线→接地系统安装→发电机组调试、试运行

（2）操作方法：

1）检查发电机安装附件及出厂技术资料是否齐全，铭牌及接线标识是否齐全清晰，外观是否完好。

2）根据安装施工图，检查基础的外形尺寸及基础上的埋铁或预留孔位置。基础表面应无裂缝、空洞、露筋和掉角现象。根据土建施工中建筑轴线位置、标高的水平线，分别检查安装基准线与建筑轴线的距离，安装基准线与设备平面位置和标高的偏差值，安装水平度误差不大于5mm。

3）参照发电机组设备安装图，在混凝土基础上画减震器的地脚螺栓的位置，设置好螺栓型号及打孔位置，待机组吊装就位后，拧紧螺栓。

4）柴油发电机组的排烟系统由法兰连接的管道、支撑件、波纹管和消声器组成，在法兰连接处应加石棉垫圈，排气管管口应经过打磨与消声器安装正确。机组与排烟管之间连接的波纹管不能受力，排烟管外侧包一层保温材料，采用弹簧吊架将排烟管固定在结构顶板。

5）发电机控制箱柜是发电机的配套设备，主要是控制发电机送电及调压。相邻控制柜之间或与基础型钢的连接应用镀锌螺栓固定，且防松零件齐全。二次回路配线成束绑扎，不同电压等级、交流、直流线路及控制线路应分别绑扎，且有标识；固定后不应妨碍手车开关或抽出式部件的拉出或推入。

6）发电机及控制箱接线应正确可靠，馈电线两端的相序必须与原供电系统的相序一致。发电机随机的配电柜和控制柜接线应正确无误，所有紧固件应牢固，无遗漏脱落，开关、保护装置的型号、规格必须符合设计要求。

7）发电机中性点接地方式及接地电阻值应符合设计要求，螺栓防松装置齐全，并设置标识。发电机本体和机械部分的外露可导电部分应分别与保护导体可靠连接，并应有标识。如图2-1-6、图2-1-7所示。

8）对受电侧的开关设备、自动或手动切换装置和保护装置等进行试验，试验合格后，按设计的备用电源使用分配方案，进行负荷试验，机组和电气装置连续运行24h无故障。方可交接验收。

**4. 发电机房储油间安装**

（1）工作流程：安装前准备→油箱就位→油箱附件安装→油管连接→接地连接

（2）操作方法：

1）民用建筑内的柴油发电机房内置储油间时，其总储量不应超过$1m^3$。储油间地面上设置150mm的不燃、不渗漏门槛，防止地面渗漏油外流。

2）油箱需安装牢固平稳，供油口、回油口位置设置正确。储油罐底部地面采

1. 发电机基础安装大样图　　　2. 发电机避振弹簧安装大样图

（a）接地方法　　　　　　　　　（b）大样图

4. 发电机外壳保护接地方法

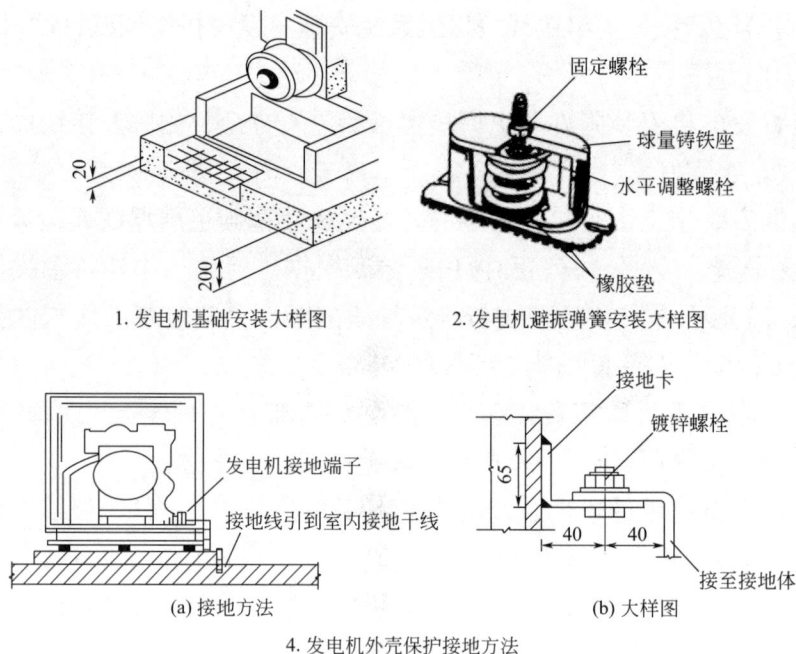

图 2-1-6　发电机组安装示意图

图 2-1-7　发电机组安装实例图

用不含盐分的防油砂覆盖。

3）储油间的油箱密闭且设置通向室外的通气管，通气管上设置带阻火器的呼吸阀。

4）油位测量管需距油罐底部小于40mm，吸油管须接至距油罐底75mm处。燃料供给管道应采用无缝钢管，管道上设置自动和手动切断阀。

5）储油间内所有金属构件均需要与接地系统可靠连接，以消除产生的静电，避免引起火灾，如图2-1-8、图2-1-9所示。

## 2.1.2　梯架、托盘、槽盒、母线槽安装

### 1. 梯架、托盘、槽盒安装

（1）工作流程：测量定位→支吊架制作安装→梯架、托盘、槽盒安装→接地线安装

（2）操作方法：

1）根据设计图和施工方案，从电缆桥架始端至终端（先干线后支线），用激

图 2-1-8　储油罐安装实例图

图 2-1-9　储油罐防油砂与防静电接地实例图

光水平仪沿墙壁、顶板等处确定出线路的中心线，支吊架间距均匀并用笔标出支吊架的具体位置。

2）梯架、托盘和槽盒水平安装时，支架间距应为 1.5 ~ 3m。垂直安装时，支架间距应不大于 2m，在进出接线盒、箱、柜和变形缝两端 500mm 以内应设固定支架。弯通弯曲半径不大于 300mm 时，应在距弯曲段与直线段结合处 300 ~ 500mm 的直线段侧设置一个支、吊架，当弯曲半径大于 300mm 时，还应在弯通中部增设一个支、吊架。

3）梯架、托盘和槽盒应做到安装牢固、横平竖直，支、吊架沿桥架走向左右的偏差不应大于 10mm，高低偏差不应大于 5mm。当直线段梯架、托盘和槽盒长度超过 30m，铝合金或玻璃钢制梯架、托盘和槽盒长度超过 15m 时，应设置伸缩节；当梯架、托盘和槽盒跨越建筑物变形缝处时，应设置补偿装置，如图 2-1-10、图 2-1-11 所示。

4）金属梯架、托盘和槽盒全长不大于 30m 时，不应少于 2 处与保护导体可靠连接；全长大于 30m 时，每隔 20 ~ 30m 应增加一个连接点，起始端和终点端均应可靠接地；非镀锌金属梯架、托盘和槽盒本体之间连接处的两端应跨接保护联结导体，保护连接导体的截面积应符合设计要求；当设计无要求时，宜采用 4mm² 的黄绿相间软铜线跨接；镀锌梯架、托盘和槽盒本体之间不跨接保护联结导体时，连接板每端不应少于 2 个有防松螺母或防松垫圈的连接固定螺栓。在伸缩缝或软

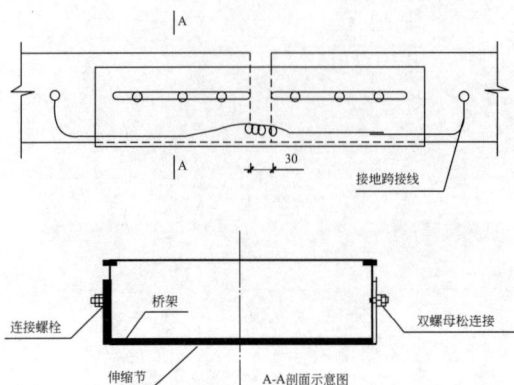

图 2-1-10　槽盒伸缩节示意图　　　　　　　图 2-1-11　槽盒伸缩节实例图

连接处须采用不小于 $4mm^2$ 的软铜线连接，铜线端子应进行涮锡处理。如图 2-1-12 所示。

图 2-1-12　槽盒安装实例图

### 2. 母线槽安装

（1）工作流程：测量定位→支吊架制作安装→母线槽安装→接地→系统调试

（2）操作方法：

1）根据母线槽沿墙、跨柱、沿梁、预留洞及屋架敷设的不同情况，核对是否与母线排列图相符；查看敷设沿线有无障碍物，有无与结构或设备、管道、通风口等的交叉；检查预留孔洞、预埋件的尺寸、标高、方位，是否符合要求；利用激光标线仪放线测量出各段母线的位置、支架尺寸，并确定支架位置及剔洞或固件安装位置。

2）母线槽的支架宜采用厂家提供的支吊架和弹簧支吊架；水平或垂直敷设的

母线槽固定点应每段设置一个，且每层不得少于一个支架，其间距应符合产品技术文件的要求，距拐弯400 ~ 600mm处应设置支架。固定点位置不应设置在母线槽的连接处或分接单元处；垂直穿越楼板处应设置与建（构）筑物固定的专用部件支座；一个吊架宜采用两根吊杆，固定牢固，螺扣外露2 ~ 4扣，膨胀螺栓应加平垫和弹簧垫，吊架应用双螺母夹紧。

　　3）安装前应对每段母线的绝缘电阻值进行测试，相对相、相对地、相对中性线和中性线对地的绝缘电阻值均不应小于20MΩ。母线槽应按分段图、相序、编号、方向和标志正确放置，每相外壳的纵向间隙应分配均匀。母线槽段与段连接时，两相邻段母线及外壳对准，相序正确，连接后不应使母线及外壳受到额外应力，如图2-1-13、图2-1-14所示。

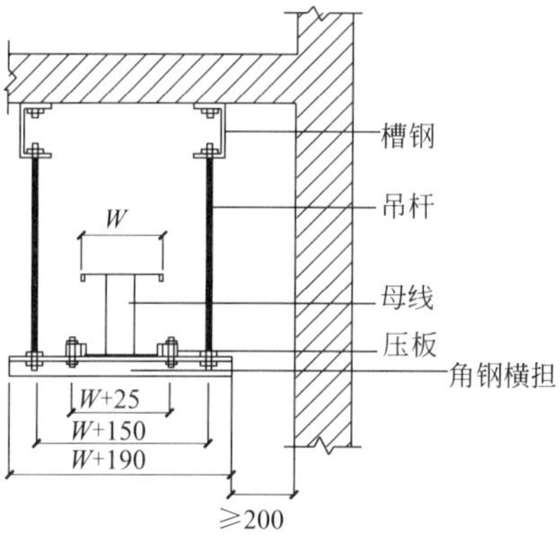

图 2-1-13　母线水平安装示意图

图 2-1-14　母线水平安装实例图

母线槽与各类管道的最小间距应符合下表2-1-1规定。

母线槽与各类管道的最小间距（mm）　　　　　　　　　表 2-1-1

| 管道类别 | | 平行距离 | 交叉距离 |
|---|---|---|---|
| 一般工艺管道 | | 400 | 300 |
| 具有腐蚀性气体管道 | | 500 | 500 |
| 热力管道 | 有保温层 | 500 | 300 |
| | 无保温层 | 1000 | 500 |

　　母线槽跨越建筑物变形缝时，应设置补偿装置；母线槽直线敷设长度超过80m，每50 ~ 60m宜设置伸缩节；母线槽段与段的连接接口不应设置在穿越楼板或墙体处，垂直穿越楼板处应有与建筑物或构筑物相固定的专用部件支座。垂直穿越楼板处应在其孔洞四周设置高度为50mm及以上的防水台，用防火堵料将母线

槽与建筑物间的缝隙填满。母线槽直线段安装应平直，水平度与垂直度偏差不宜大于1.5‰，全长最大偏差不宜大于20mm；照明用母线槽水平偏差不应大于5mm，垂直偏差不应大于10mm。如图2-1-15所示。

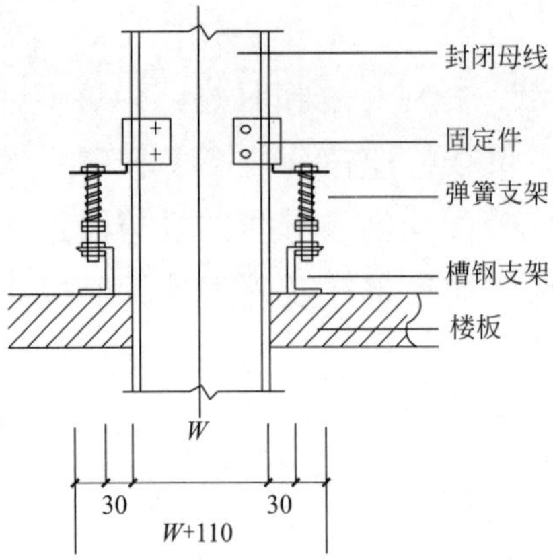

封闭母线
固定件
弹簧支架
槽钢支架
楼板

W
30    30
W+110

图 2-1-15　母线垂直安装穿楼板敷设图

4）每段母线槽的金属外壳间应连接可靠。且母线槽全长与保护导体可靠连接不应少于2处；分支母线槽的金属外壳末端应与保护导体可靠连接。

5）线槽在连接过程中可按楼层数或母线段数，每连接到一定长度便测试一次，并做好记录，随时控制接头处的绝缘情况，分段测试一直持续到母线安装完后的系统测试；在母线槽连接完成后，应全面进行检查，检查完成后对母线进行整体的绝缘电阻测试和交流工频耐压试验，试验合格后才能通电；母线槽通电前的检验或试验内容应符合标准。

### 2.1.3　导管、导线、电缆敷设

#### 1. 焊接钢管敷设

（1）工作流程：导管防腐→导管切断和弯曲→导管敷设→接地或管路接地

（2）操作方法：

1）暗配于混凝土中的导管内外壁均应进行防腐处理；二次结构内敷设的导管，应在跨接地线的焊接部位及焊接钢管焊接部位进行防腐处理。

2）应按实际需要和管路走向将导管切断，切断后的导管必须用锉刀将管口的毛刺清理干净，切口应垂直且斜度不应大于2°；应根据导管的大小选择相适配的煨弯器，管径大于DN25应选用液压弯管器煨弯，管径小于等于DN25选用手扳煨管器煨弯。导管的弯变程度不应大于管外径10%，弯曲角度不应小于90°，弯曲处不应有折皱、凹陷、裂缝等现象。

3）钢导管不得采用对口熔焊连接；镀锌钢导管或壁厚小于等于2mm的钢导管不得采用套管熔焊连接。明配的导管其弯曲半径不宜小于管外径的6倍，当两个接线盒间只有一个弯曲时，其弯曲半径不宜小于管外径的4倍；暗配的导管，当埋设于混凝土内时，其弯曲半径不应小于管外径的6倍；当埋设于地下时，其弯曲半径不应小于管外径的10倍。电缆导管的弯曲半径不应小于电缆最小允许弯曲半径。导管暗配宜沿最近的路径敷设，并应减少弯曲。除特定情况外，埋入建筑物、构筑物的导管与建筑物、构筑物表面的距离不应小于15mm；导管不宜穿越设备或建筑物、构筑物的基础，当必须穿越时，应采取保护措施；导管管路与其他管路间最小距离应符合规定；当管路长度每超过30m，无弯曲；管路长度每超过20m，有1个弯曲；管路长度每超过15m，有2个弯曲；管路长度每超过8m，有3个弯曲须增加过路箱。

钢导管应采用螺母连接。将套好丝的管端拧上锁紧螺母，插入与管外径相匹配的接线盒、箱内，管线应与盒、箱壁垂直，再在盒、箱内的管端拧上锁紧螺母固定。带上锁母的管端在盒、箱内露出锁紧螺母的螺纹应为2～4扣。多根管线同时入箱时，管端长度应一致，管口应平齐；进入落地式配电箱（柜）底部的导管，排列应整齐，管口宜高出配电箱（柜）底面50~80mm。

焊接钢管采用套管熔焊连接时只可用于管径不大于DN25的焊接钢管，套管的内径应与连接管的外径相吻合，其配合间隙1~2mm为宜。套管的长度应为连接管外径的1.5~3倍，连接时应把连接管的对口放在套管的中心处，连接管的管口应光滑、平齐。套管焊接牢固，不得有缝隙。

4）焊接钢管的保护连接导体宜为圆钢，直径不应小于6mm。其搭接长度应为圆钢直径的6倍；钢导管进入配电箱时应与箱体上的专用保护接地（PE）端子做电气连接。

## 2. KBG/JDG管施工工艺

（1）工作流程：进场验收→导管敷设→接地

（2）操作方法：

1）KBG/JDG管的敷设方式除导管连接的施工工艺与焊接钢管不同外其余均相同。

2）管与管的连接采用KBG/JDG管专用直管接头进行连接，安装时先把钢管插入管接头，使其与管接头插紧定位，然后再持续拧紧紧定螺钉，直至拧断脖颈，使钢管与管接头成一体，无需再作跨接地线。不同规格的钢管应选用与之相配套的不同规格管接头，管与盒的连接采用KBG/JDG管专用螺纹接头。螺纹接头与接线盒连接的一端，带有一个爪形螺母和一个六角形螺母。安装时爪形螺母扣在接线盒内侧露出的螺纹接头的丝扣上，六角形螺母在接线盒外侧，用紧定扳手使爪形螺母和六角形螺母夹紧接线盒壁，如图 2-1-16、图 2-1-17 所示。

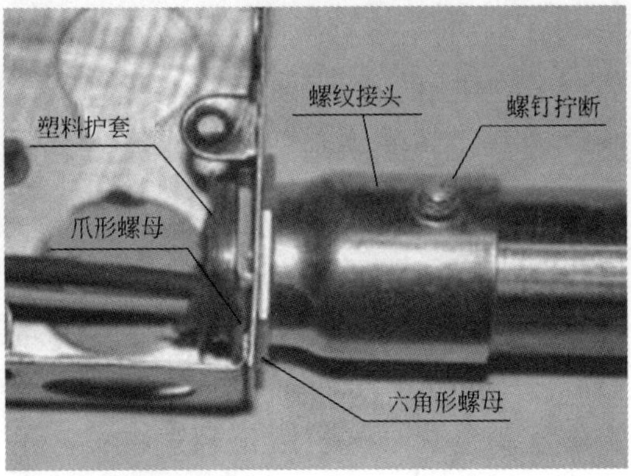

图 2-1-16　JDG 与线盒连接示意图

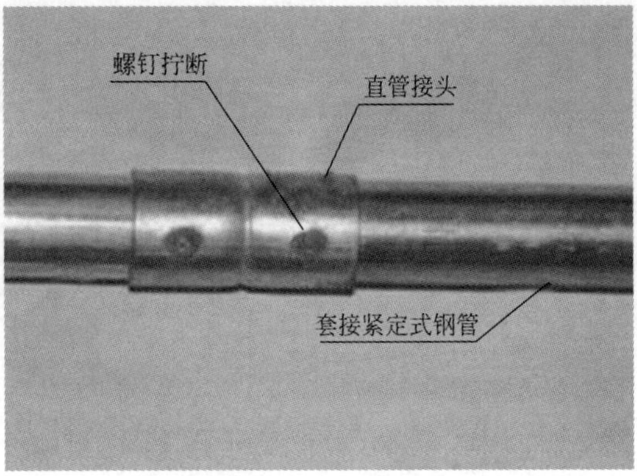

图 2-1-17　JDG 连接示意图

### 3. 硬质阻燃塑料管（PVC）

（1）工作流程：弹线、定位→导管切断与弯曲→导管的敷设与连接

（2）操作方法：

1）按照设计图纸测出盒、箱、出线口等准确位置。利用激光标线仪，弹线定位。

2）小管径可使用剪管器，大管径可使用钢锯锯断，断口后将管口锉平齐；管径在 25mm 及以下可以用冷煨法，将弯簧插入（PVC）管内需煨弯处，两手抓住弯簧两端头，膝盖顶在被弯处，用手扳逐步煨出所需弯度，然后抽出弯簧。

3）管口应平整光滑，管与管、管与盒（箱）等器件采用插入法连接时，连接处结合面应涂专用粘接剂，接口应牢固密封；直埋于地下或楼板内的刚性塑料导管，在穿出地面或楼板易受机械损伤的一段应采取保护措施；沿建筑物、构筑物表面和支架上敷设的刚性塑料导管，应按设计要求装设温度补偿装置；管路入箱、盒一律采用端接头与内锁母连接，平整、牢固。向上立管管口采用端帽护口，防止异物堵塞管路。如图 2-1-18 所示。

### 4. 导线敷设

工作流程：导线的选择→清扫管路→放线、断线→导线绑扎→管内穿线→导线连接→绝缘测试

1）根据设计图纸规定选择导线。相线、中性线及保护地线的绝缘层颜色应加以区分，同一建筑物、构筑物的电线绝缘层颜色选择应一致，即保护地线（PE 线）应是黄绿相间色，零线用淡蓝色；相线用 A 相—黄色、B 相—绿色、C 相—红色。

2）把气泵出气管用胶带缠出略大于被扫管管头，插入管内，打开气泵吹出管

**图 2-1-18**　硬质阻燃塑料管（PVC）示意图

内杂物等，此过程须注意管路的清扫端应有防护措施，避免吹出杂物伤人或污染其他成品、半成品。

3）放线前应根据施工图对导线的规格、型号进行核对，并用对应电压等级的兆欧表进行通断测试、绝缘测试。剪断导线时，导线的预留长度应按规范要求进行预留。

4）当导线根数较少时，可将导线前端的绝缘层削去，然后将线芯与带线绑扎牢固，使绑扎处形成一个平滑的锥形过渡部位；当导线根数较多或导线截面较大时，可将导线前端绝缘层削去，然后将线芯错位排列在带线上，用绑线绑扎牢固，不要将线头做得太大，应使绑扎接头处形成一个平滑的锥形接头，减少穿管时的阻力，以便于穿线。

5）电线管在穿线前，应首先检查各个管口的护口，保证护口齐全完整。当管路较长或转弯较多时，在穿线前向管内吹入适量的滑石粉。穿线时，两端的工人应配合协调一致。

6）导线接头不能增加电阻值，不能降低原机械强度及原绝缘强度。采用搪锡方式焊锡要饱满，表面光滑，一不得有虚焊、夹渣，涮锡要均匀，接头部位清洁，要控制涮锡的温度不得烧坏导线绝缘层；涮锡后要马上包扎，内缠高压绝缘胶带，外用黑胶布包扎严密；接线端子压接时，多股导线可采用与导线同材质且规格相应的接线端子。削去导线的绝缘层，不伤线芯，将线芯紧紧的绞在一起，将线芯插入端子，用压接钳压紧。导线外露部分应小于 1～2mm，如图 2-1-19 所示。

7）照明线路的绝缘测试选用 500V，量程为 0～500MΩ 的兆欧表，测试时应及时进行记录。一般照明线路绝缘测试有以下两种情况：电气器具未安装前进行线路绝缘测试时，首先将灯头盒内导线分开，开关盒内导线连通。测试应将干线和支线分开，摇动速度应保持 120r/min 左右，读数应采用 1min 后的读数为宜；电

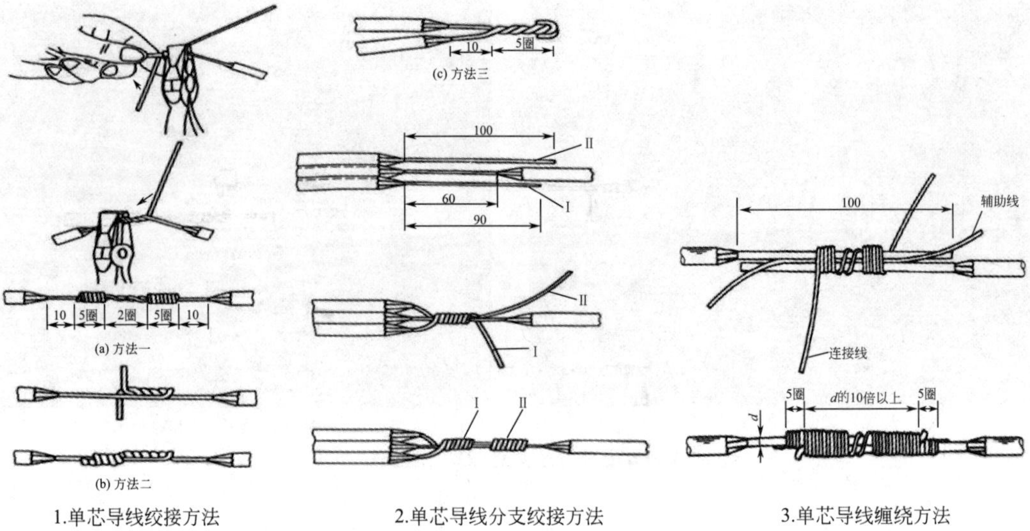
(a) 方法一
(b) 方法二
(c) 方法三
1.单芯导线绞接方法
2.单芯导线分支绞接方法
3.单芯导线缠绕方法
辅助线
连接线
d的10倍以上
5圈


图 2-1-19　单芯通道线连接方法

气器具全部安装完后，在送电前进行测试时，应先将线路的开关、刀闸、仪表、设备等用电开关全部置于断开位置，测试方法同上所述，确认绝缘测试无误后再进行送电试运行。

5. **电缆敷设**

（1）工作流程：电缆绝缘测试→电缆敷设→电缆头制作安装→挂标识牌

（2）操作方法：

1）电缆绝缘测量宜采用2500V兆欧表，6/6kV及以上电缆也可用5000V兆欧表，橡塑电缆外护套、内衬层的绝缘电阻不应低于0.5MΩ/km。

2）敷设方法可用人力或机械牵引。采用机械施放时，将动力机械按施放要求就位，并安装好钢丝。架设后，检查电缆轴的转动方向，电缆引出端应位于电缆轴的上方。人工敷设电缆时，须将电缆事先排列好，划出排列图表，按图表进行施工，不应交叉，拐弯处应以最大截面电缆允许弯曲半径为准。敷设过程中，应敷设一根、卡固一根；不同等级电压的电缆应分层敷设，层间最小距离不应小于表2-1-2规定，高压电缆应敷设在上层；在梯架、托盘或槽盒内大于45°倾斜的电缆应每隔2m固定。水平敷设的电缆，首尾两端、转弯两侧及每隔5 ~ 10m处应设固定点；电缆出入电缆梯架、托盘、槽盒及配电（控制）柜、台、箱、盘处应做固定。

**电缆支架层间最小距离（mm）**　　**表2-1-2**

| 电缆种类 | 支架上敷设 | 桥架、托盘内敷设 |
|---|---|---|
| 控制电缆明敷 | 120 | 200 |

续表

| 电缆种类 | | 支架上敷设 | 桥架、托盘内敷设 |
|---|---|---|---|
| 电力电缆明敷 | 10kV 及以下电力电缆（除6kV ～ 10kV 交联聚乙烯绝缘电力电缆） | 150 | 250 |
| | 6kV ～ 10kV 交联聚乙烯绝缘电力电缆 | 200 | 300 |
| | 35kV 单芯电力电缆 | 250 | 300 |
| | 35kV 多芯电力电缆 | 300 | 350 |
| 电缆敷设在槽盒内 | | $H$（槽盒高度）+100 | |

3）所有接线端子均采用紧压铜端子，端子与电缆线芯截面相匹配，铜端子的压接采用手动式液压压接钳，采用热缩头、热缩管作为电缆头绝缘保护。电缆终端制作好，与配电柜连接前要进行绝缘测试，以确认绝缘强度符合要求。根据不同的相位，使用黄、绿、红、黄绿双色、淡蓝色等热缩管护套至接线鼻子的压接部位。

4）标识牌规格应一致，并有防腐功能，挂装应牢固；标识牌上应注明电缆编号、规格、型号、电压等级及起始位置；沿梯架、托盘和槽盒敷设电缆，在其两端、拐弯处、分支处或直线段每隔50m，应设标识牌。如图2-1-20、图2-1-21所示。

图 2-1-20　电缆敷设实例图

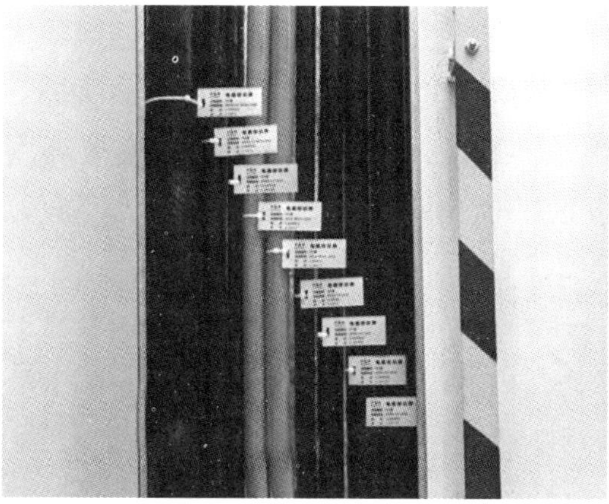

图 2-1-21　电缆挂牌实例图

## 2.1.4　开关、插座、灯具安装

### 1. 开关安装

（1）工作流程：检查、清理→接线→开关安装

（2）操作方法：

1）开关安装前应对接线盒内残余的灰块、杂物剔除干净，再用抹布将盒内灰尘清理干净。

2）相线应经开关控制；扳式开关，宜接成翘板向上为开灯，翘板向下为关灯。

3）同一建（构）筑物的开关宜采用同一系列的产品，单控开关的通断位置应一致，且操作灵活、接触可靠；照明开关安装高度应符合设计要求；开关的安装位置应便于操作，开关边缘距门框边缘距离宜为 0.15 ～ 0.2m，相同型号并列安装高度宜一致，并列安装的开关相邻距离不宜小于20mm；温控器开关面板接线应正确，显示屏指示正常，安装高度符合要求；紫外线杀菌灯的开关应有明显标识，并与普通照明开关的位置分开。

**2. 插座安装**

（1）工作流程：检查、清理→接线→插座安装

（2）操作方法：

1）插座安装前应对接线盒内残余的灰块、杂物剔除干净，再用抹布将盒内灰尘清理干净。

2）对于单相两孔插座，面对插座的右孔或上孔应与相线连接，左孔或下孔应与中性导体（N）连接；对于单相三孔插座，面对插座的右孔应与相线连接，左孔应与中性导体（N）连接；单相三孔、三相四孔及三相五孔插座的保护接地导体（PE）应接在上孔；插座的保护接地导体端子不得与中性导体端子连接；同一场所的三相插座，其接线的相序应一致；保护接地导体（PE）在插座之间不得串联连接。

3）插座安装高度应符合设计要求。当设计无要求时，一般插座安装高度为距离地面300mm，挂式空调插座安装高度为距离地面1.8m。同一室内相同规格并列安装的插座高度应一致；地面插座应紧贴饰面，盖板固定牢固、密封良好。如图2-1-22所示。

图2-1-22　开关插座安装实例图

### 3. 普通灯具安装

（1）工作流程：灯具检查→灯具固定→灯具安装→灯具接线→灯具接地

（2）操作方法：

1）根据装箱清单清点灯具、配件及有关技术文件应齐全，各类灯具的电光源的规格型号应正确无误。

2）灯具固定应牢固可靠，在砌体和混凝土结构上严禁使用木楔、尼龙塞或塑料塞固定；质量大于10kg的灯具，固定装置及悬吊装置应按灯具重量的5倍做均布载荷试验，且持续时间不得少于15min。

3）悬吊方式安装的灯具，其带升降器的软线吊灯在吊线展开后，灯具下沿应高于工作台0.3m；灯具质量大于0.5kg时，灯具电源线不应受力；灯具质量大于3kg的悬吊灯具，应固定在螺栓或预埋吊钩上，螺栓或吊钩的直径不应小于灯具挂销直径，且不应小6mm。当采用钢管作灯具吊杆时，其内径不应小于10mm，壁厚不应小于1.5mm；灯具与固定装置及灯具连接件之间采用螺纹连接的，螺纹啮合扣数不应少于5扣。

吸顶或墙面上安装的灯具，其固定用的螺栓或螺钉不应少于2个，灯具应紧贴饰面。

埋地灯的防护等级应符合设计要求；埋地灯的接线盒应采用防护等级为IPX7的防水接线盒，盒内绝缘导线接头应做防水绝缘处理。

庭院灯、建筑物附属路灯等灯具与基础固定应可靠，地脚螺栓备帽应齐全；灯具接线盒应采用防护等级不小于IPX5的防水接线盒，盒盖防水密封垫应齐全、完整；灯具的电器保护装置应可靠，规格应与灯具适配；灯杆的检修门应采取防水措施，且闭锁防盗装置完好。路灯安装高度应符合表2-1-3要求。

路灯安装高度（m）        表2-1-3

| 灯具 | 安装高度 | 灯具 | 安装高度 |
|---|---|---|---|
| 125～250W荧光高压汞灯 | ≥5 | 60～100W白炽灯或50～ 80W荧光高压汞灯 | ≥4～6 |
| 250～400W高压钠灯 | ≥6 | | |

灯具安装应牢固可靠，饰面不应使用胶类粘贴；灯具安装位置应有较好的散热条件，且不宜安装在潮湿场所；灯具用的金属防水接头密封圈应齐全、完好；灯具的驱动电源、电子控制装置室外安装时，应置于金属箱（盒）内；金属箱（盒）的IP防护等级和散热应符合设计要求，驱动电源的极性标记应清晰、完整；室外灯具配线管路应按明配管敷设，且应具备防雨功能，IP防护等级应符合设计要求。

4）穿入灯具的导线在分支连接处不得承受额外应力和磨损，多股软线的端头应挂锡、盘圈，并按顺时针方向弯钩，用灯具端子螺钉拧固在灯具的接线端子上；螺口灯头接线时，相线应接在中心触点的端子上，零线应接在带螺纹的端子上；荧光灯的接线应正确，电容器应并联在镇流器前侧的电路配线中，不得串联；灯具内导线应绝缘良好，严禁漏电，灯具配线不得外露。灯具线不许有接头，在引入处不应机械受力；灯具线在灯头、灯线盒等处应将软线端作保险扣，防止接线端子受力。

5）普通灯具的类灯具外露可导电部分必须采用铜芯软导线与保护导体可靠连接，连接处应设置接地标识，铜芯软导线的截面积应与进入灯具的电源线截面积相同。除采用安全电压以外，当设计无要求时，敞开式灯具的灯头与地面距离应大于2.5m。如图2-1-23所示。

图 2-1-23　普通灯具安装实例图

### 4. 专用灯具安装

（1）工作流程：灯具检查→灯具安装→灯具接线→灯具接地

（2）操作方法：

1）根据装箱清单清点灯具，配件及有关技术文件应齐全，各类灯具的电光源的规格型号应正确无误。

2）手术台无影灯灯座托固定螺栓数量不应少于灯具法兰底座上的固定孔数，且螺栓直径应与底座孔径相适配，螺栓应采用双螺母锁固；无影灯的固定装置除应进行均布载荷实验外还应符合产品技术文件要求。

消防应急照明回路的设置除应符合设计要求外，尚应符合防火分区设置要求，穿越不同防火分区时应采取防火隔堵措施；对于应急灯具、运行中温度大于60℃的灯具，当靠近可燃物时，应采取隔热、散热等防火措施；EPS供电的应急灯具安装完毕后，应检验EPS供电运行的最少持续供电时间。安装高度及设置部位应符合设计要求，消防疏散指示灯的设置不影响正常通行，且不应在其周围设置容易混同消防疏散指示灯的其他指示牌等，消防应急照明线路在非燃烧体内穿钢导管暗敷时，保护层厚度不应小于30mm。如图2-1-24所示。

霓虹灯应完好、无破裂；灯管应采用专用的绝缘支架固定，且牢固可靠；灯管固定后，与建（构）筑物的距离不宜小于20mm；霓虹灯专用变压器的二次侧和灯管间的连接线应采用额定电压大于15kV的高压绝缘导线，导线连接牢固，防护措施应完好。

在人行道等人员来往密集场所安装的落地式灯具，当无围栏防护时，灯具距地面高度应大于2.5m；金属构架及金属保护管应分别与保护导体采用焊接或螺栓连接，连接处应设置接地标识。

航空障碍灯安装应牢固可靠，且应有维修和更换光源的措施；当灯具在烟囱顶上装设时应安装在低于烟囱口1.5 ~ 3m的部位且应呈正三角形水平排列。

3）穿入灯具的导线在分支连接处不得承受额外应力和磨损，多股软线的端头应挂锡、盘圈，并按顺时针方向弯钩，用灯具端子螺钉拧固在灯具的接线端子上；螺口灯头接线时，相线应接在中心触点的端子上，零线应接在带螺纹的端子上；荧光灯的接线应正确，电容器应并联在镇流器前侧的电路配线中，不得串联；灯具内导线应绝缘良好，严禁漏电，灯具配线不得外露，并保证灯具能承受一定的机械力安全运行。灯具线不许有接头，在引入处不应机械受力；灯具线在灯头、灯线盒等处应将软线端作保险扣，防止接线端子受力。

4）普通灯具的类灯具外露可导电部分必须采用铜芯软导线与保护导体可靠连接，连接处应设置接地标识，铜芯软导线的截面积应与灯具的电源线截面积相同。

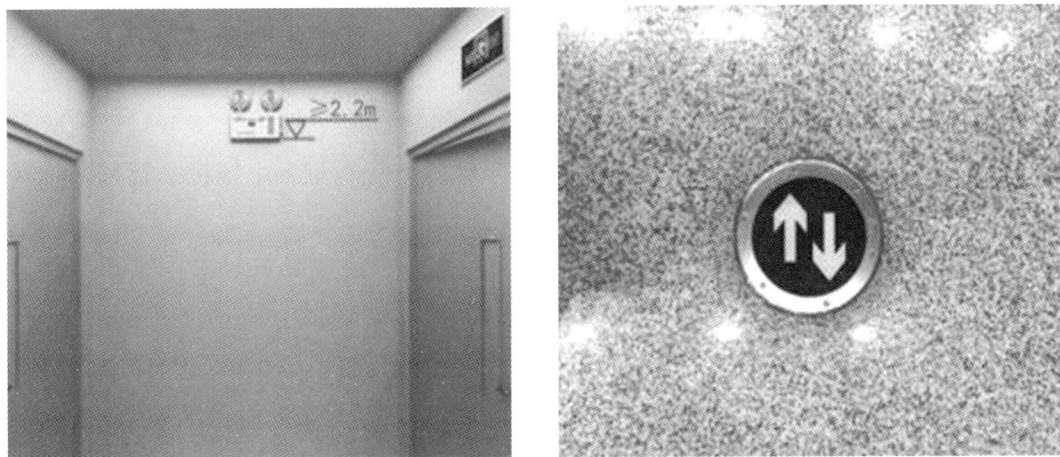

图2-1-24　专业灯具安装实例图

### 2.1.5 防雷、接地及等电位安装

#### 1. 防雷引下线和接闪器的安装

工作流程：定位放线→防雷引下线安装→均压环安装→接闪器安装

1）定位放线。利用柱主筋作为引下线应按设计要求位置找出全部接地体主筋位置，在接地体施工安装时，应做好标识。

2）当钢筋直径为16mm及以上时，应利用两根钢筋作为一组引下线，当钢筋直径小于16mm时，应利用四根钢筋作为一组引下线。引下线的上部与接闪器可靠跨接，下部与接地体可靠跨接，并按设计要求的高度设置测试点；引下线主筋与主筋之间采用搭接焊，搭接长度不小于6倍钢筋直径，双面施焊，每条引下线焊接主钢筋不得少于2根，并用直径不小于10mm的镀锌圆钢引出女儿墙，留有300mm的余量，以便与接闪器连接。

3）均压环的材料应符合设计要求，当设计无具体要求时，宜采用12mm镀锌圆钢、25mm×4mm或40mm×4mm镀锌扁钢，使用前必须调直；在高层建筑上，距地30m高度起，每向上三层均设均压环一圈，可利用圈梁的钢筋与柱内作引下线钢筋可靠跨接做均压环。也可以在建筑物外墙内敷设一圈直径12mm镀锌圆钢或–25mm×4mm镀锌扁钢，与防雷引下线连接做均压环，并将金属栏杆及金属门窗等较大的金属物体与防雷装置可靠连接。

4）避雷带沿外墙外表面或延伸面敷设，当女儿墙压顶宽度小于等于300mm时，支持件应设置在女儿墙压顶中间；当女儿墙压顶宽度大于300mm小于600mm时，支持件应设置在女儿墙压顶距外侧150mm位置；当女儿墙压顶宽度大于600mm时，支持件应设置两个且在女儿墙压顶边沿向内150mm的位置（陕西省地方标准）；变形缝、转弯300mm处应设支架，直线段支架均匀分布，间距不大于1m；支架埋深不小于80mm，出女儿墙顶面不小于150mm，调整、校正支架的垂直度，根部套不锈钢装饰圈并用耐候胶密封固定。如图2-1-25～图2-1-29所示。

敷设在支架上，转弯、搭接、变形缝处的圆钢应煨弯加工，转弯处煨弯半径为80～100mm，搭接处一端钢筋煨乙字弯，与另一端圆钢上下搭接，搭接长度为100mm，搭接点宜设在离支架不小于200mm位置处，双面施焊，焊缝连接饱满，焊渣清理干净，焊接点应先刷防锈漆，再刷银粉漆，防腐处理到位；变形缝处钢筋煨成"欧姆"弯。

建筑物屋顶有金属旗杆、透气管、金属天沟、铁栏杆、爬梯、冷却塔、水箱、电视天线等金属导体都必须与预留接地体焊接成一体，顶层的烟囱应做避雷针。

#### 2. 接地装置安装

（1）工作流程：定位放线→人工接地极制作→人工/自然接地体安装→接地干

图 2-1-25 避雷带安装做法示意图

图 2-1-26 三角夹板支架实例图

图 2-1-27 三角夹板支架示意图

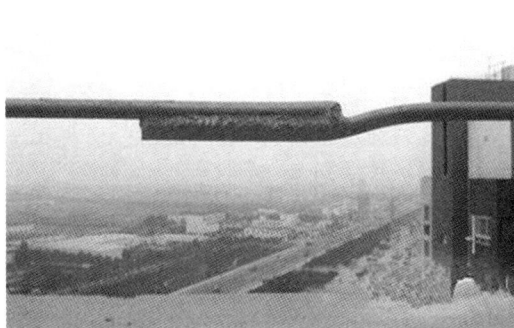

图 2-1-28 避雷网圆钢搭接实例图

图 2-1-29 避雷网"欧姆"弯实例图

线敷设→设置测试点→接地电阻测试

（2）操作方法：

1）按设计规定防雷装置接地体的位置进行放线。沿接地体的线路，开挖接地体沟。接地装置应埋置于地表层以下，埋设在土层电阻率较低和人们不常到达的地方；接地装置的位置，与道路或建筑物的出入口等的距离应不小于3m。

2）人工接地体的材料应符合设计要求，当设计无具体要求时，一般采用镀锌钢管DN50、镀锌角钢L50×50，长度不应小于2.5m，端部锯成斜口或锻造成锥形，角钢的一端应加工成尖头形状，尖点应保持在角钢的角脊线上并使斜边对称制成接地体；水平接地体一般使用40mm×4mm的镀锌扁钢。

3）将接地体放在沟的中心线上，用大锤将接地体垂直打入地下，顶部距地面不小于0.6m，水平接地体多用于绕建筑四周的联合接地，安装时应将扁钢侧放敷设在地沟内（不应平放），顶部埋设深度距地面不小于0.6m，间距应符合设计规定，当设计无规定时不宜小于5m。

利用钢筋混凝土独立柱基础及箱形基础做接地体，将可用作防雷引下线的现浇混凝土柱主筋，与基础底层钢筋网做焊接连接。钢筋混凝土独立柱基础有防水层时，应跨越防水层将柱内的引下线钢筋、垫层内的钢筋与接地线相焊接。

4）接地干线一般使用40mm×4mm的镀锌扁钢。室外接地干线与支线一般敷设在沟内，将接地干线进行调直、煨弯，然后将扁钢放入地沟内，扁钢应保持侧放，依次将扁钢在距地体顶端大于50mm处与接地体焊接。焊接时，将扁钢弯成弧形（或三角形）与接地钢管（或角钢）进行焊接。敷设完毕经隐蔽验收后，进行回填并压实。

5）根据设计要求确定避雷测试点的具体位置、施工要求；预埋镀锌扁钢及100mm×100mm×60mm接线盒或地面插座盒，扁钢一端与柱内引下线可靠跨接，另一端放置于线盒内，线盒与墙面（或柱面）平齐，镀锌扁钢钻直径12mm孔，安装防松垫片及蝴蝶螺母，螺母居预埋盒中心；将编织软铜线一端连接在蝴蝶螺母上，另一端压接铜鼻子预留，用于接地测试；测试点面板上应标明接地测试点、接地符号、施工单位、编号，标高尺寸及位置应符合设计要求。

6）接地电阻测试

接地装置施工完成后，应使用接地电阻测试仪进行接地电阻测试，接地电阻应符合设计要求。一般情况下，联合接地体的接地电阻值不应大于$1\Omega$。

## 3. 等电位联结

（1）工作流程：预留预埋→总等电位箱安装→局部等电位箱安装→接地标识

（2）操作方法：

1）按照设计位置，在土建结构中使用40mm×4mm镀锌扁钢预留出等电位接地干线联结点，并预留等电位接地端子箱的安装位置。

2）根据设计图纸确定MEB等电位端子箱位置，安装总等电位端子箱。总等电位箱（MEB）尺寸及箱顶、底板孔规格和孔距应符合设计要求；MEB线截面应符合设计要求。MEB箱内各支路标识准确、清晰。MEB线与金属管道的连接，在金属管道进出户套管正下方100mm处预埋暗装钢制接线盒，待管道安装完成，采用卡箍连接，用大于16mm²（有设计要求时按设计要求）黄绿双色软铜线将卡箍与预留盒中接地干线连接。如图2-1-30、图2-1-31所示。

图 2-1-30　进出户金属管等电位联结示意图

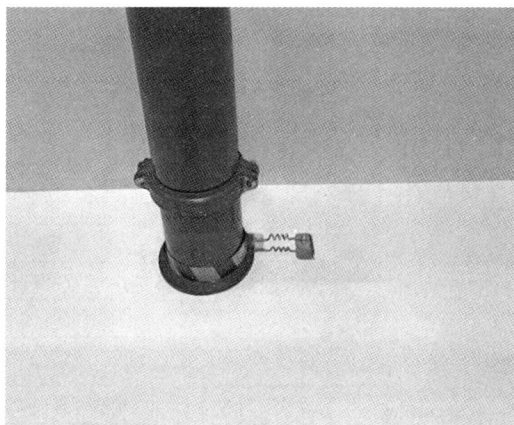

图 2-1-31　LEB 等电位联结实例图

3）在厨房、卫生间内便于检测的位置设置局部等电位端子板，安装局部等电位端子箱。局部等电位（LEB）联结线与浴盆、地漏、卫生设备、下水管、采暖管等金属物件的连接，严格按图纸设计要求进行。局部等电位（LEB）联结线无设计要求时，一般采用BRV-4mm²黄绿双色软铜线，线头处套黄绿双色热缩套管且热缩，接线鼻搪锡处理，连接处螺帽紧固，平垫、弹垫齐全。

4）总等电位箱（MEB）和局部等电位箱（LEB）应标识明确。如图2-1-32、图2-1-33所示。

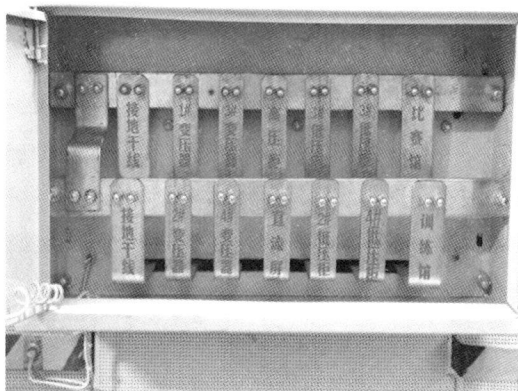

图 2-1-32　MEB 等电位联结实例图

图 2-1-33　LEB 检修接地实例图

## 2.2 给水排水及采暖工程工作流程

给水排水及采暖工程工作流程如图2-2-1所示。

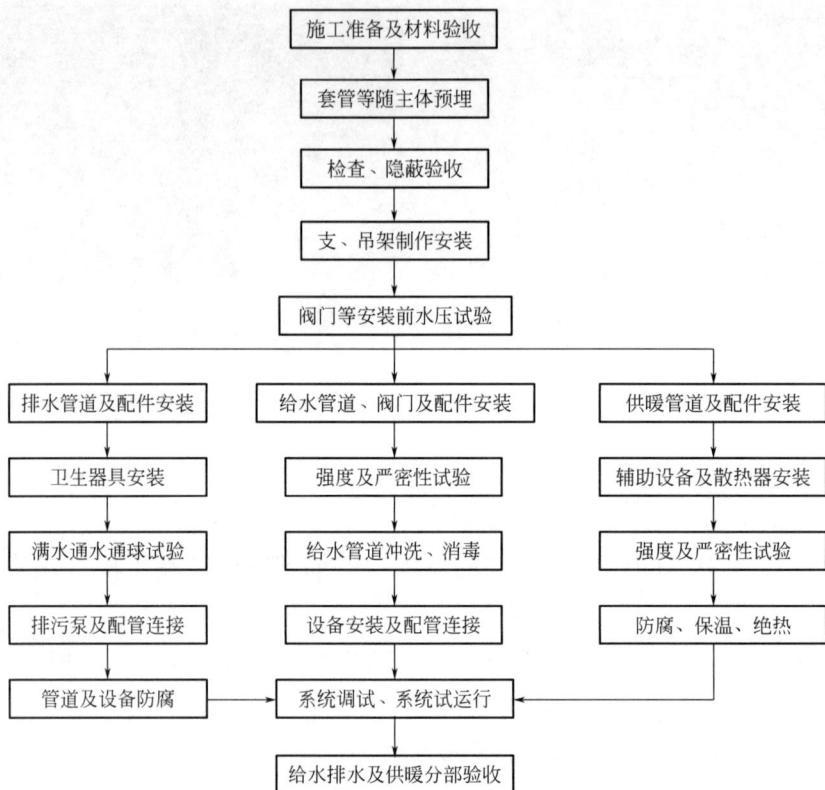

```
┌─────────────────────┐
│   施工准备及材料验收   │
└─────────┬───────────┘
          ↓
┌─────────────────────┐
│    套管等随主体预埋    │
└─────────┬───────────┘
          ↓
┌─────────────────────┐
│     检查、隐蔽验收     │
└─────────┬───────────┘
          ↓
┌─────────────────────┐
│    支、吊架制作安装    │
└─────────┬───────────┘
          ↓
┌─────────────────────┐
│   阀门等安装前水压试验  │
└─────────────────────┘
```

| 排水管道及配件安装 | 给水管道、阀门及配件安装 | 供暖管道及配件安装 |
|---|---|---|
| ↓ | ↓ | ↓ |
| 卫生器具安装 | 强度及严密性试验 | 辅助设备及散热器安装 |
| ↓ | ↓ | ↓ |
| 满水通水通球试验 | 给水管道冲洗、消毒 | 强度及严密性试验 |
| ↓ | ↓ | ↓ |
| 排污泵及配管连接 | 设备安装及配管连接 | 防腐、保温、绝热 |
| ↓ | ↓ | ↓ |
| 管道及设备防腐 | 系统调试、系统试运行 | |

```
          ↓
┌─────────────────────┐
│   给水排水及供暖分部验收 │
└─────────────────────┘
```

图 2-2-1　给水排水及采暖工程工作流程

### 2.2.1 水暖设备安装

#### 1. 泵类设备安装

（1）工作流程：基础复核→水泵就位→水泵安装→水泵配管连接→试运转

（2）操作方法：

1）依据设计图纸复核设备基础的几何尺寸、坐标、标高、地脚螺栓孔洞位置等，做好相关质量记录。基础大小应与设备本体适配，成排基础应排列整齐。

2）依据泵类设备装箱清单、技术文件等检查设备所带备件、配件是否齐全、合格，主要零部件、端面等不应有擦伤和划痕，轴的表面不应有裂纹、压伤等缺陷，水泵手动盘车应灵活，无阻滞现象，无异常声音。测定基础纵横方向及水平度，以泵的轴线为基准找正，进行设备就位。注意：出厂时已装配调整完善的部分不得拆卸。

3）将泵类设备及底盘在基础上方吊起，在惰性块或型钢框架的四个角上安装减震垫或减震器，若单元减震有6个安装点时，另外2个减震安装在长边上。用垫铁调整标高，用水平仪找平找正，拧紧地脚螺栓，再次用水平仪精平，将螺栓紧固，每组垫铁用电焊固定。水泵减震应满足设计要求，立式泵不宜采用弹簧减震器。

4）水泵吸水管的水平段应向泵吸水口抬高，坡度宜为2‰～5‰，水泵的吸水管和出水管上应安装可曲挠橡胶软接头，当采用变径管时，变径管的长度不应小于管径差的5～7倍，水泵吸水口应采用上平偏心变径，出水口应采用同心变径管。水泵出口应安装压力表、止回阀、阀门，安装位置应便于观察。压力表应设表弯、三通旋塞阀，且应安装在出口控制阀之前。复查泵的原始精度，如因连接管道而引起偏差，应进行再次调整。水泵安装效果如图2-2-2、图2-2-3所示。

5）先做电机单机试运转，验证电机的旋转方向是否正确；然后清洗轴承并注入润滑油，离心泵应灌满水；关闭出口阀门，启动电动机，当水泵达到正常转速时，逐步开大出口阀门；保持出口压力，检查轴承温度、油封等，滑动轴承温度不超过60℃，滚动轴承温度不超过80℃，并不得出现漏水、漏油等现象。

图2-2-2 采暖泵类设备安装

图2-2-3 给水泵类设备安装

## 2. 水箱安装

（1）工作流程：基础复核→水箱制作→水箱安装→配管连接→满水试验

（2）操作方法：

1）依据设计图纸复核水箱基础的几何尺寸、位置、标高等，并做好相关质量记录。一般消防水箱基础宽度300mm、高度500mm。基础大小应与水箱本体适配，成排基础应排列整齐。

2）成品水箱可跳过水箱制作这一步，整体水箱厂家现场组装，应提交安装方案，报监理单位审核批准后执行。施工现场钢板焊接水箱，板料应平整，方形水箱下料时，需进行规方，钢板在焊接时避免出现"十字缝"、钢板变形等现象。水箱的支撑及加固不应妨碍水管开孔和接管。圆形及方形水箱安装效果如图2-2-4所示。

3）将成品水箱或加工好的水箱稳放在基础上，采用水平仪找平找正，水箱与建筑结构之间的最小距离如表2-2-1所示。

水箱与建筑结构之间的最小距离（m）　　　　表 2-2-1

| 水箱形式 | 水箱外壁与墙面距离 | | 多个水箱间距 | 水箱顶至结构最低点距离 | 人孔至房间顶板距离 |
| --- | --- | --- | --- | --- | --- |
| | 有阀一侧 | 无阀一侧 | | | |
| 圆形水箱 | 0.8 | 0.7 | 0.7 | 0.8 | 1.5 |
| 方形水箱 | 1 | 0.7 | 0.7 | 0.8 | 1.5 |

4）水箱进出管距离墙面最小距离不应小于600mm，水箱进水口应高于溢流口，溢流管管径不应小于补水管管径的2倍，水箱溢流管、泄水管应单独设置，且不应与排水系统直接连接，溢流管出水口应设置长度为200mm的短管，短管管壁应开设孔径10mm、孔距20mm的孔洞，外用18目铜或不锈钢网包扎牢固，以防止小动物爬入。

5）成品水箱安装前应进行满水试验。水箱安装完毕，敞口水箱应进行满水试验，密闭水箱应进行水压试验，试验时间及试验压力应符合设计要求。当设计无要求时，满水试验静置24小时，不渗不漏；水压试验在试验压力下10min压力不降，不渗不漏，为合格。

图 2-2-4　圆形及方形水箱安装

### 3. 稳压罐安装

（1）工作流程：基础复核→罐体安装→配管及附件安装→水压试验

（2）操作方法：

1）复核罐体基础尺寸、位置等，并做好相关质量记录。罐体应置于混凝土底座上，底座应高出地面100mm以上。基础大小应与罐体适配，成排基础应排列整齐。

2）稳压罐安装应平稳、牢固，罐顶至建筑结构最低点的距离不应小于1m，罐体与墙面之间、多台罐体之间净距离不宜小于700mm。稳压罐安装效果如图2-2-5所示。

3）按照图纸及设备说明书要求安装稳压罐附件及连接管道，如果存在安全阀，注意安全阀的泄水口应避开人行通道，并核定出厂前的整定压力值，必要时在安装现场重新调整，以确保安全阀的整定压力值符合要求。

4）稳压罐应按照工作压力的1.5倍做水压试验，但不小于0.4MPa，在试验压力下观察10min，无压降、不渗不漏为合格。

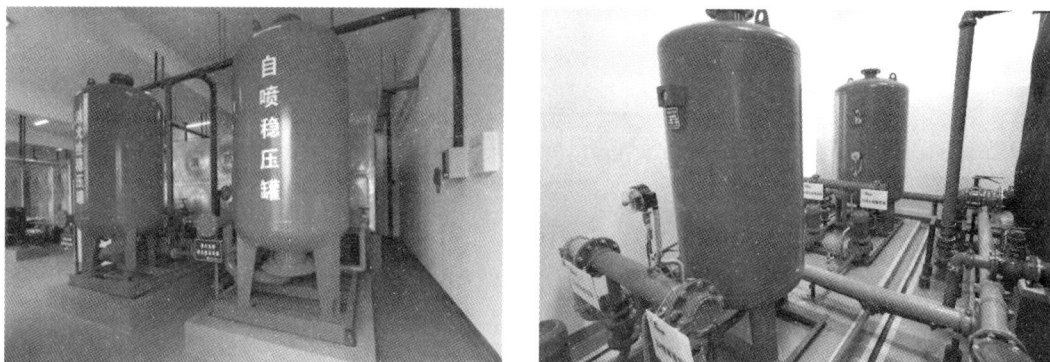

图 2-2-5　稳压罐安装

## 2.2.2 管道及支吊架安装

### 1. 型钢支架制作安装

（1）工作流程：测量下料→钻孔焊接→刷漆防腐→支架安装

（2）操作方法：

1）根据图纸设计及规范规定，测量管线路径，确定支吊架的形式、数量等，绘制支架样式草图，计算各组件尺寸，采用切割机截取相应长度的型钢。

2）采用台钻钻取螺栓孔，孔径为螺栓直径+2mm，支架拐角处采用45°拼接，拼接缝焊接，焊缝应平滑饱满，无夹杂、咬肉等现象。距离楼板高度低于2.5m的支架端部，应倒圆弧角，倒角半径宜为端部型钢边长的1/3 ~ 1/2。管道支架制作如图2-2-6所示。

3）支架表面满刷两遍防锈漆，防锈漆干透后，再刷灰色或蓝色面漆，刷漆应均匀、光滑，无流坠。管道支架安装如图2-2-7所示。

4）采用膨胀螺栓将支架固定在结构上，成排支架形式、朝向应一致，间距均匀。

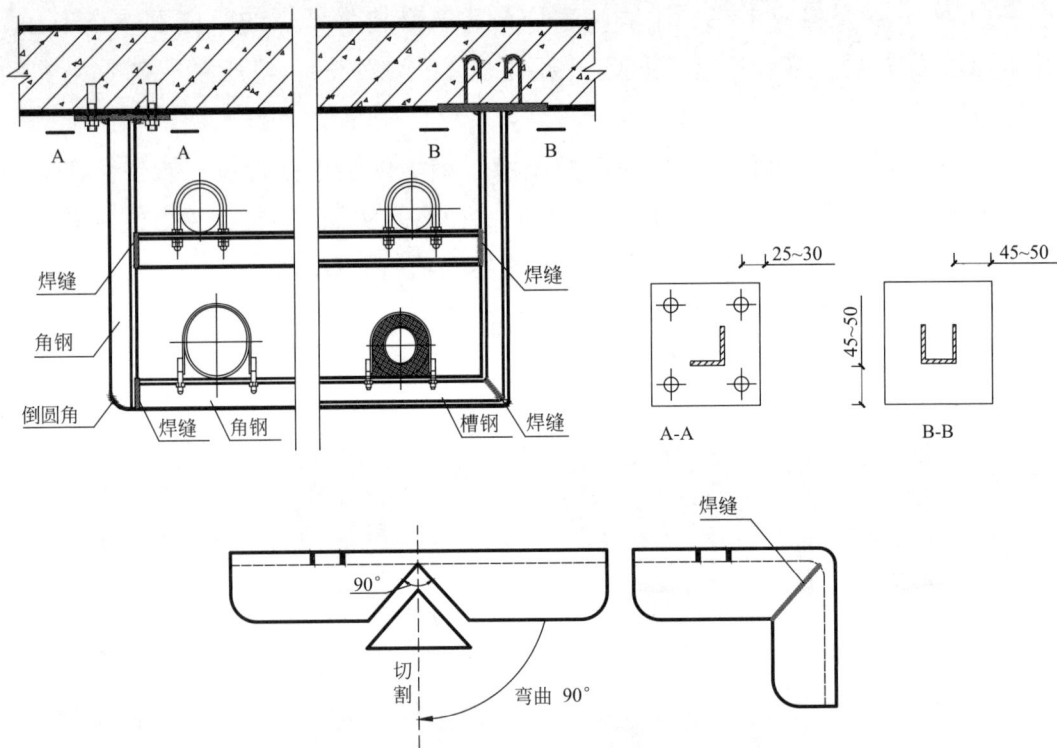

图 2-2-6　管道支架制作

## 2. 承重支架制安

（1）工作流程：测量下料→钻孔焊接→支架及肋板安装→刷漆防腐

（2）操作方法：

1）根据设计图纸及规范要求，参考相关标准图，结合管道保温材料厚度，确定支架的位置、数量等，根据管道公称直径，绘制支架加工草图，计算各组件尺寸，采用切割机截取相应长度的型钢。选择相应厚度的钢板，制作肋板。

2）台钻钻取螺栓孔，孔径宜为螺栓直径+2mm，依据加工图拼接承重支架，拼接缝焊接，焊缝应平滑饱满，无夹杂、咬肉等现象。支架端部应倒圆弧角，倒角半径宜为端部型钢边长的1/3 ~ 1/2。承重支架制作如图2-2-8所示。

图 2-2-7 管道支架安装

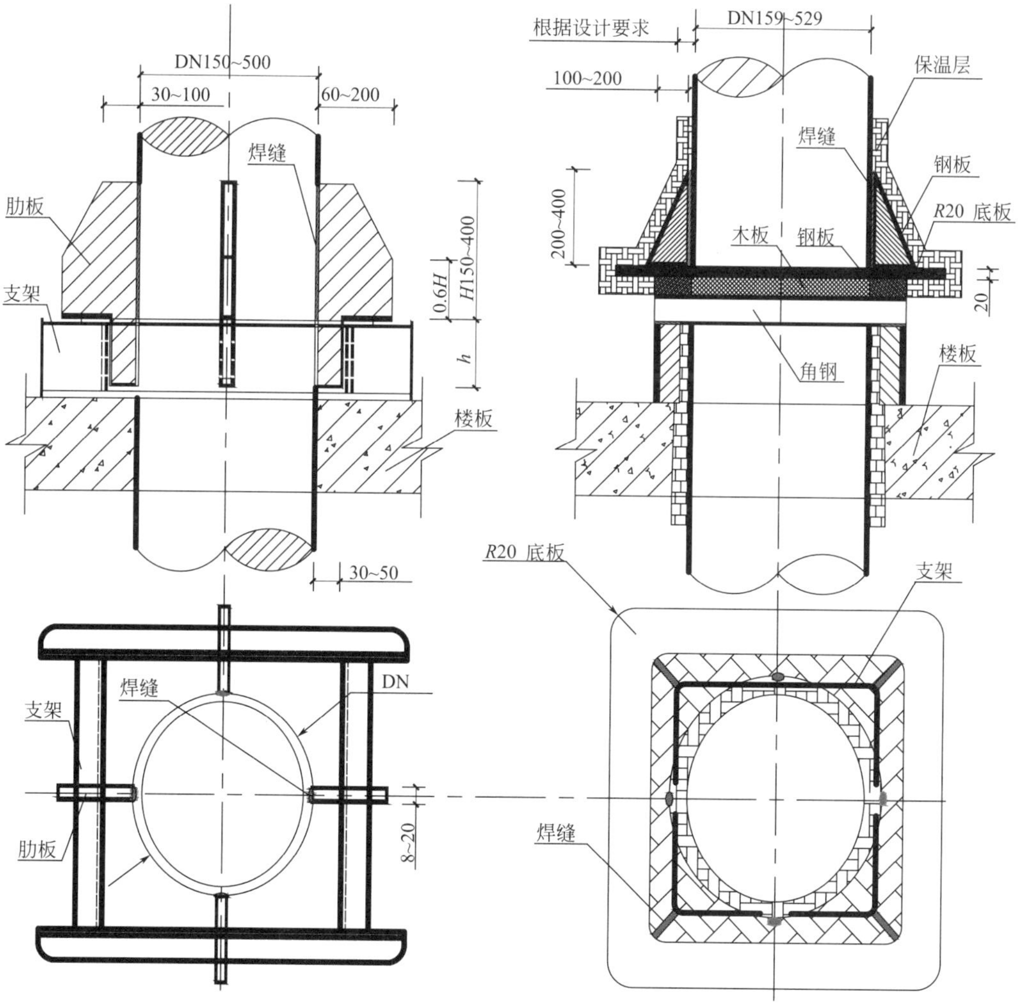

图 2-2-8 承重支架制作

3）将承重支架固定在管道周围，再将肋板底端对称、均匀的点焊在支架上，肋板侧面点焊在管道表面，校正管道、支架的垂直度、平整度等，无误后，将肋板分别与支架和管道焊接牢固。如果是带保温的管道，需要在肋板与管道或肋板与支架之间添加绝热材料，以消除"冷桥"现象。承重支架安装如图2-2-9所示。

4）支架表面应刷防锈漆两遍，再刷灰色或蓝色面漆两遍，刷漆应均匀、光滑，无流坠感。

图2-2-9 承重支架安装

### 3. 弯头托架制安

（1）工作流程：测量、下料→钻孔、焊接→托架及托板安装→刷漆防腐

（2）操作方法：

1）根据设计图纸及规范要求，确定托架的位置、数量，以及托管的规格和长度等，绘制托架样式草图。用切割机截取相应长度的托管，再将该托管等分成两段。根据弯头管道的外径大小，裁切两块矩形钢板，制作成一块圆弧面的托板、一块平面的底板。

2）用台钻给底板钻孔，孔径为螺栓直径+2mm。在上半段托管的上端部焊接圆弧托板，下半段托管的下端部焊接平面底板，两根托管接续的管口，焊接法兰，注意法兰螺栓孔应对正。弯头托架制作如图2-2-10所示。

3）将上半段管托的圆弧托板朝上，使圆弧托板贴合在管道弯头中心的正下方管壁，用电焊将托板与管壁点焊，注意点焊时不能损伤弯头管壁。将下半段托管法兰朝上，调整其位置恰好与上面法兰的螺栓孔对正，两片法兰之间设置橡胶垫，法兰孔穿入螺栓，并带上螺帽。用膨胀螺栓将下半段托管的底板可靠固定在混凝土地面，用扳手拧紧法兰孔的全部螺栓。弯头托架安装如图2-2-11所示。

4）弯头托架及托板表面，刷两遍防锈漆，待防锈漆干透后，再刷两遍灰色或蓝色面漆，刷漆应均匀光滑，无起皮、无流坠。

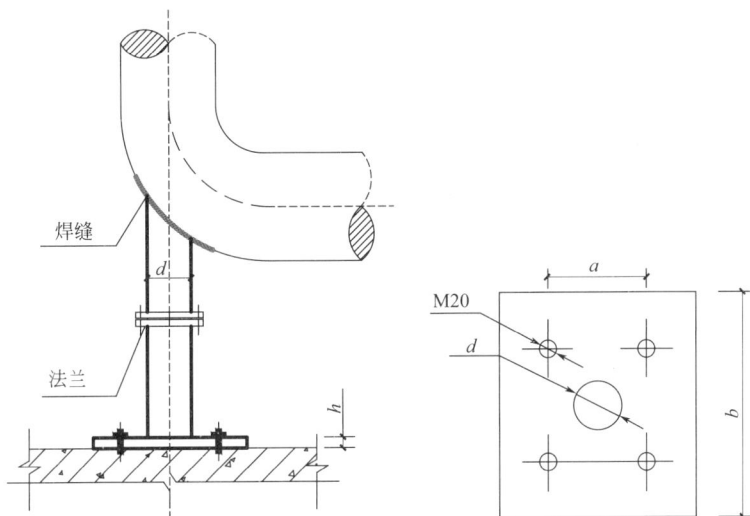

图 2-2-10 弯头托架制作

图 2-2-11 弯头托架安装

### 4. 给水管道安装

（1）工作流程：管道支架安装→管道及阀门安装→强度及严密性试验

（2）操作方法：

1）根据管道的公称直径，选择相应规格的材料制作管道支吊架，黑铁支吊架应按照要求进行防锈和防腐处理。管道支吊架安装位置应正确，埋设应平整牢固，固定支架与管道接触应紧密，滑动支架应灵活。无热伸长管道的吊杆、吊架应垂直安装，有热伸长管道的吊杆、吊架应向热膨胀的反方向偏移，固定在建筑结构上的支吊架不得影响结构安全。

　　钢管垂直安装，当楼层高度小于5m时每层必须安装一个管卡；当楼层高度大于5m时，每层不得少于2个管卡；管卡安装高度距离地面应为1.5～1.8m，2个以上管卡应匀称安装，同一房间管卡应安装在同一高度上。钢管水平安装支吊架间距不应大于表2-2-2的规定。塑料管及复合管垂直或水平安装的支吊架间距应符合表2-2-3的规定。采用金属制作的支架，应在管道与支架间加衬非金属垫。

钢管水平安装支吊架的最大间距（m）　　　　　　　　　表 2-2-2

| 管径（mm） | 15 | 20 | 25 | 32 | 40 | 50 | 70 | 80 | 100 | 125 | 150 | 200 | 250 | 300 |
|---|---|---|---|---|---|---|---|---|---|---|---|---|---|---|
| 保温管 | 2 | 2.5 | 2.5 | 2.5 | 3 | 3 | 4 | 4 | 4.5 | 6 | 7 | 7 | 8 | 8.5 |
| 不保温管 | 2.5 | 3 | 3.5 | 4 | 4.5 | 5 | 6 | 6 | 6.5 | 7 | 8 | 9.5 | 11 | 12 |

塑料管及复合管管道支架最大间距（m）　　　　　　　　表 2-2-3

| 管径（mm） | | 12 | 14 | 16 | 18 | 20 | 25 | 32 | 40 | 50 | 63 | 75 | 90 | 110 |
|---|---|---|---|---|---|---|---|---|---|---|---|---|---|---|
| 立管支架间距 | | 0.5 | 0.6 | 0.7 | 0.8 | 0.9 | 1.0 | 1.1 | 1.3 | 1.6 | 1.8 | 2.0 | 2.2 | 2.4 |
| 水平管支架间距 | 冷水 | 0.4 | 0.4 | 0.5 | 0.5 | 0.6 | 0.7 | 0.8 | 0.9 | 1.0 | 1.1 | 1.2 | 1.35 | 1.55 |
| | 热水 | 0.2 | 0.2 | 0.25 | 0.3 | 0.3 | 0.35 | 0.4 | 0.5 | 0.6 | 0.7 | 0.8 | — | — |

　　2）生活给水管道采用的材料必须达到国家饮用水标准，给水管道必须采用与管材相适应的管件，水平管道应有2‰～5‰的坡度，坡向泄水装置。螺纹连接管道安装后应有2～3扣外露螺纹。法兰连接的管道衬垫不得凸入管内，连接法兰的螺栓拧紧后，突出螺母的长度不应大于螺杆直径的1/2。卡箍式连接管道的两根管口应平整，沟槽应均匀，卡紧螺栓后管道应平直，卡箍安装方向应一致。熔接连接管道的结合面应有一均匀的熔接圈，不得出现局部熔瘤或熔接圈凹凸不均匀现象。明装管道成排安装时，直线部分应相互平行，曲线部分曲率半径一致。上下平行安装时热水管应在冷水管的上方，垂直平行安装时热水管应在冷水管的左侧。

　　管道穿过墙壁和楼板，宜设置金属或塑料套管，安装在楼板内的套管，底部与楼板底面平齐，顶部应高出装饰地面20mm，安装在卫生间及厨房内的套管，顶部应高出装饰地面50mm，安装在墙壁内的套管两端与装饰面相平。穿过楼板的套管与管道中间缝隙应采用阻燃密实材料和防水油膏填实，穿墙套管与管道中间缝隙应采用阻燃密实材料填实，且端面应光滑。地下室或地下构筑物外墙有管道穿过的，应采用防水措施，对有严格防水要求的建筑物，必须采用柔性防水套管。管道穿越结构伸缩缝、抗震缝、沉降缝敷设时，应在墙体两侧采取柔性连接。管道穿楼板、穿墙做法如图2-2-12 ~ 图2-2-15所示。

图 2-2-12　管道穿楼板做法

图 2-2-13　多水房间管道穿楼板做法

图 2-2-14　管道穿内墙做法

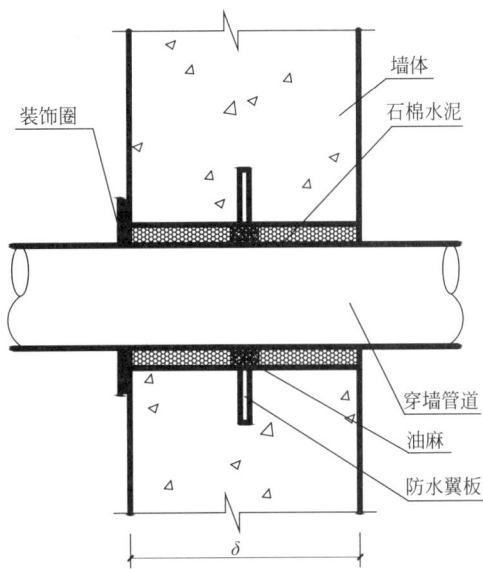

图 2-2-15　管道穿外墙做法

螺翼式水表安装，表前与阀门应有不小于8倍水表接口直径的直线管段，表外壳距离墙面净距离宜为10 ~ 30mm。阀门安装前应进行强度及严密性试验，主干管上起切断作用的闭路阀门，应逐个进行试验，其他阀门可按照每批数量的10%（不应少于一个）进行抽检。强度试验压力为公称压力的1.5倍，严密性试验压力为公称压力的1.1倍，在试验压力和持续时间内压力应保持不变，壳体填料及阀瓣密封面无渗漏。阀门试压的试验持续时间应不少于表2-2-4的规定。

表 2-2-4

阀门试验持续时间

| 公称直径DN（mm） | 最短试验持续时间（s） | | |
|---|---|---|---|
| | 严密性试验 | | 强度试验 |
| | 金属密封 | 非金属密封 | |
| ≤50 | 15 | 15 | 15 |
| 65～200 | 30 | 15 | 60 |
| 250～450 | 60 | 30 | 180 |

3）管道安装完毕应按照设计要求进行水压试验，当设计无明确要求时，给水管道试验压力应为工作压力的1.5倍，且不得小于0.6MPa，在试验压力下观察10min，压力降不应大于0.02MPa，然后降到工作压力，应无渗漏；塑料给水管在试验压力下稳压1h，压力降不得超过0.05MPa，然后降到工作压力的1.15倍稳压2h，压力降不得超过0.03MPa，同时不得渗漏。生活给水管道在交付使用前必须进行冲洗和消毒，并经有关部门取样检验，符合《生活饮用水卫生标准》GB 5749—2022方可使用。管道穿墙、穿楼板做法如图2-2-16所示。

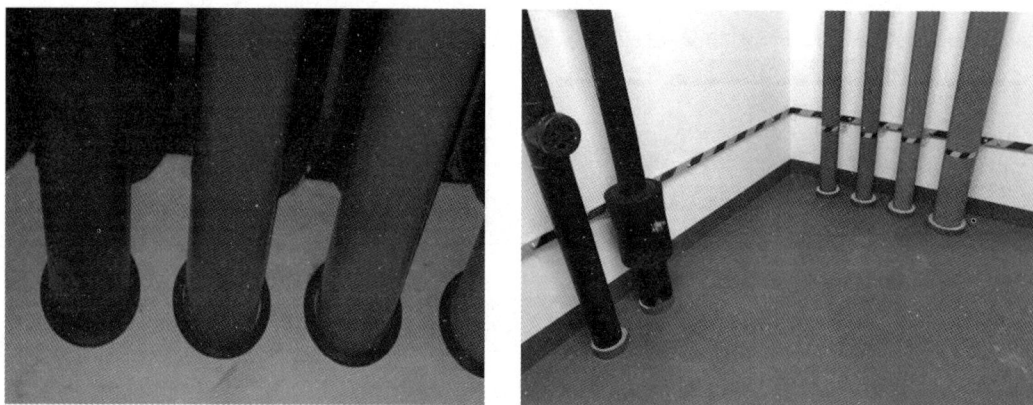

图 2-2-16　管道穿墙、穿楼板做法

### 5. 排水管道安装

（1）工作流程：支架制作安装→管道及附配件安装→通球试验、灌水试验

（2）操作方法：

1）根据管道公称直径，选择相应规格的材料，制作排水管道支吊架，并按要求进行防锈或防腐处理。金属排水管道上的吊钩或卡箍应固定在承重结构上，固定件间距横管不大于2m，立管不大于3m，当楼层高度小于或等于4m，立管可安

装1个固定件。立管底部的弯管处应设支墩或采取固定措施。排水塑料管支吊架的最大间距应符合表2-2-5的规定。

塑料排水管支吊架的最大间距（m） 表2-2-5

| 管径（mm） | 50 | 75 | 110 | 125 | 160 |
|---|---|---|---|---|---|
| 立管 | 1.2 | 1.5 | 2.0 | 2.0 | 2.0 |
| 横管 | 0.5 | 0.75 | 1.1 | 1.3 | 1.6 |

2）生活污水管道的安装坡度应符合设计要求，排水塑料管必须按照设计要求及位置设置伸缩节，如设计无要求时，伸缩节间距不得大于4m。高层建筑中明敷排水塑料管道应按设计要求设置阻火圈或防火套管，当设计未明确时，高层建筑室内的塑料排水管，当管径大于110mm时，在明敷立管穿越楼层的贯穿部位、横管穿越防火分区的隔墙或防火墙的两侧、横管穿越管道井井壁或围护墙体的贯穿部位的外侧等，均应安装阻火圈。

生活污水管道上应按照规范要求，设置检查口和清扫口，当设计无要求时，在立管上每隔一层设置一个检查口，但在底层和有卫生器具的最高层必须设置检查口，检查口中心高度距操作地面一般为1m，允许偏差±20mm，检查口的朝向应便于检修，暗装立管在检查口处应安装检修门。在连接2个及以上大便器或3个及以上卫生器具的污水横管上应设置清扫口，当污水管在楼板下悬吊敷设时，可将清扫口设在上一层楼地面上，污水管起点的清扫口与管道相垂直的墙面距离不得小于200mm，若用堵头代替清扫口时，与墙面距离不得小于400mm。在转角小于135°的污水横管上，应设置检查口或清扫口。

通向室外的排水管，穿过墙壁或基础必须下返时，应采用45°三通和45°弯头连接，并应在垂直管段顶部设置清扫口。用于室内排水的水平管道与立管的连接，应采用45°三通、45°四通、90°斜三通或90°斜四通，立管与排出管端部连接，应采用两个45°弯头或曲率半径不小于4倍管径的90°弯头。

排水通气管不得与风道或烟道连接，通气管应高出屋面300mm，且必须大于当地的最大积雪厚度；在通气管出口4m以内有门、窗时，通气管应高出门、窗顶600mm或引向无门、窗一侧；在经常有人停留的平屋顶上，通气管应高出屋面2m。排水铸铁管、UPVC管安装效果如图2-2-17所示。

3）隐蔽或埋地的排水管道在隐蔽前必须做灌水试验，其灌水高度应不低于底层卫生器具的上边缘或底层地面高度，满水15min水面下降后，再灌满观察5min，液面不降，管道及接口无渗漏为合格。排水主立管及水平干管均应做通球试验，通球球径应不小于排水管管径的2/3，通球率必须达到100%。

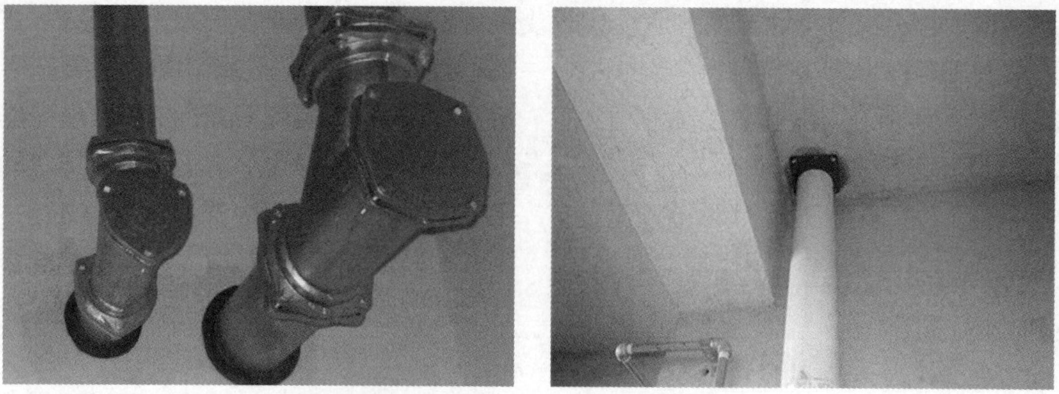

图 2-2-17　排水铸铁管、UPVC 管安装

### 2.2.3　卫生器具及采暖设施安装

#### 1. 洗脸盆（洗涤盆）安装

（1）工作流程：脸盘排布→脸盘、安装→水龙头安装→存水弯安装→打胶

（2）操作方法：

1）根据洗脸盆（洗涤盆）的规格、间距、排水管位置，以及块材墙、地面的拼缝等因素进行综合排布，使得洗脸盆（洗涤盆）与墙面、地面骑缝或居中布置。洗脸盆等卫生器具排布如图 2-2-18 所示。

2）洗脸盆（洗涤盆）的安装高度应遵照设计要求，若设计无要求时，从地面至器具上边缘应为 800mm（幼儿专用为 500mm）。洗脸盆（洗涤盆）安装应固定牢靠，当其在台面下方安装时，应单独设置固定支托架。成排安装时应排列整齐，高度一致，间距均匀。

3）水龙头出水口宜与洗脸盆（洗涤盆）落水口上下对正，安装高度应符合设计要求，当设计无要求时，给水配件中心距地面应为 1000mm。洗脸盆安装效果如图 2-2-19 所示。

4）角阀安装应牢固，高度应为 450mm。排水管安装应垂直，存水弯安装朝向一致，存水弯与排水管间隙，应采用沥青油麻填充密实，出地面根部加装不锈钢装饰圈。

5）台上式洗脸盆周边（台下式洗脸盆上口），与台面间打胶密实光滑。

#### 2. 小便器安装

（1）工作流程：器具排布→器具安装→感应器安装→存水弯安装→打胶

（2）操作方法：

1）根据小便器（小便斗）的规格、间距，以及排水管位置，块材墙、地面骑缝等因素进行综合排布，实现小便器与墙面、地面骑缝居中布置。小便器排布如

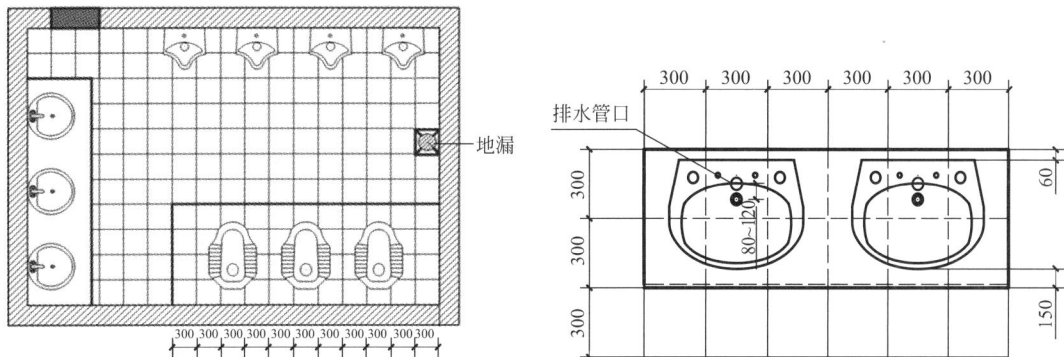

图 2-2-18 卫生器具排布图

图 2-2-19 洗脸盆安装

图 2-2-20 所示。

2）小便器安装应保证冲洗水管与出水管中心线对准重合，角阀丝扣处缠绕生料带（麻丝铅油）应均匀、平整、严密，安装给水管时，应拧紧。挂式小便器（小便斗）的安装高度应符合设计要求，当设计无要求时，从地面至器具下边缘的高度应为 600mm（幼儿专用为 450mm）。成排安装应排列整齐，高度一致，间距均匀。

3）感应器（延时自闭阀）一般安装在小便器的进水口处，安装高度根据小便器来确定，一般带底盒的感应器，底盒的底边距离地面宜为 1050 mm。感应器（延时自闭阀）的安装应垂直端正，与墙面结合紧密。

4）小便器的排水管应垂直安装，存水弯朝向一致，存水弯与排水管间隙，宜采用沥青油麻填充密实，出地面根部加装不锈钢装饰圈。排水管暗装敷设时，接口应严密无渗漏。

5）小便器外缘与墙面之间应打胶密实光滑。小便器安装效果如图 2-2-21 所示。

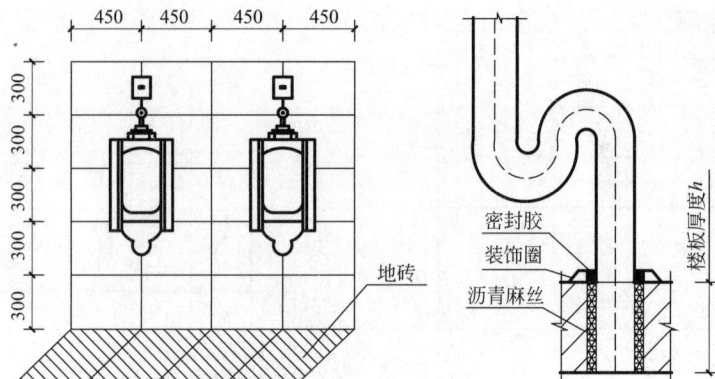

图 2-2-20　小便器排布图

图 2-2-21　小便器安装

### 3. 大便器安装

（1）工作流程：大便器具排布→大便器安装→冲洗阀及感应器安装→打胶

（2）操作方法：

1）根据大便器的规格、间距、排水管距离墙壁的距离，以及块材墙面、地面骑缝等因素，进行器具综合排布，实现大便器与墙面、地面骑缝居中布置。蹲便器安装尺寸如图2-2-22所示。

2）将大便器出水口对准预留排水口放平、找正，坐便器采用M10的膨胀螺栓固定在地面上，蹲便器底部和四周用C20细石混凝土和白灰膏填实，冲洗水箱或冲洗阀与蹲便器中心线对准重合。

3）当设计无要求时，从台阶面算起，蹲便器的脚踏式自闭冲洗阀安装高度150mm，低水箱角阀安装高度250mm，手动式自闭冲洗阀安装高度600mm，红外感应自闭冲洗阀安装高度250～450mm。成排安装应排列整齐，高度一致，间距均匀。

4）大便器外缘与地面瓷砖之间应打胶密实光滑。蹲便器安装效果如图2-2-23所示。

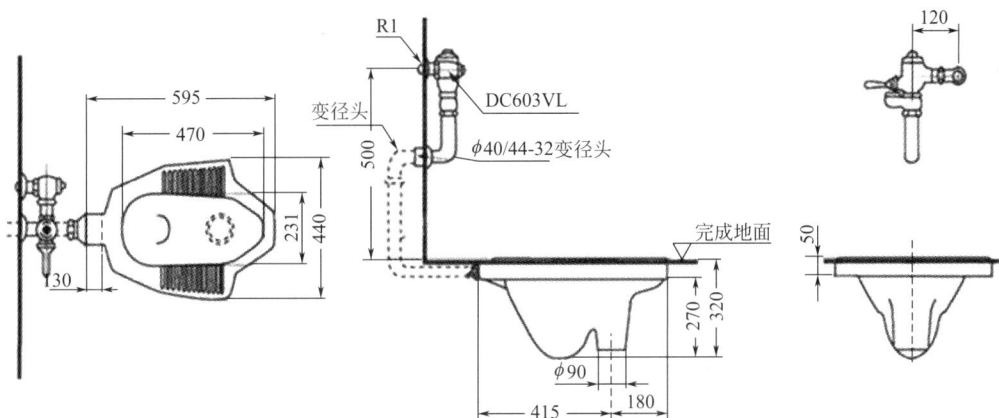

图 2-2-22　蹲便器安装尺寸

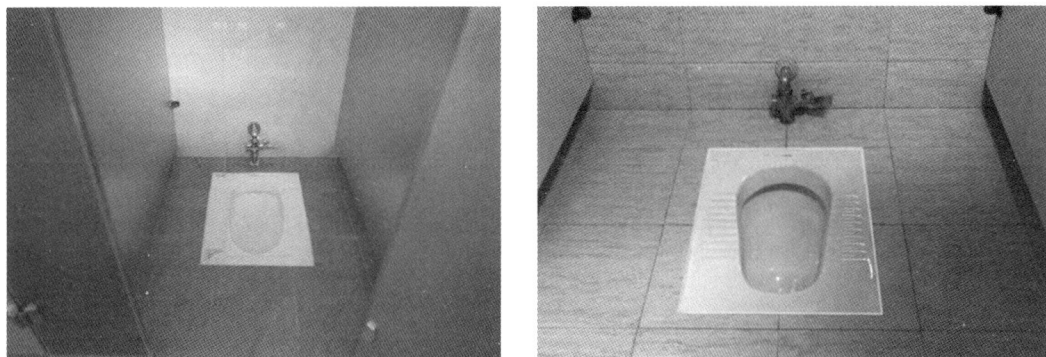

图 2-2-23　蹲便器安装

#### 4. 室内采暖设施安装

（1）工作流程：管道及配件安装→散热器试压→散热器安装→系统试压

（2）操作方法：

1）主干管安装应从进户或分支路点开始，主管进户处应设置阀门，在管道最低点安装泄水装置，并置于检修井内。焊接钢管连接时，管径小于或等于32mm，应采用螺纹连接；管径大于32mm，应采用焊接。横管安装时，应先确定起点和端点，然后拉线控制支架标高，确保管道坡度，以使气流顺利排向排气阀。立管安装时，应先打通各层楼板预留洞，由顶层向底层吊线，确定立管中心线位置，依据中心线与墙面的距离安装合适的管卡，管卡安装应牢固端正。散热器的支管安装坡度应为1%，坡向应利于排气和泄水，当支管长度超过1.5m时，应在支管上安装管卡。

2）散热器组对后，以及整组出厂的散热器，在安装之前应作水压试验，当设计无要求时，试验压力为工作压力的1.5倍，但不小于0.6MPa，试验时间2～3min，压力不降且不渗不漏。

3）散热器的支托架安装，应位置准确，埋设牢固，支托架的数量，如设计没有注明，则应符合表2-2-6的规定。散热器背面与装饰后的墙壁内表面安装距离应为30mm。铸铁或钢制散热器表面的防腐及面漆应附着良好，色泽均匀。暖气片安装效果如图2-2-24所示。

散热器支架、托架数量（个） 表2-2-6

| 项次 | 散热器形式 | 安装方式 | 每组片数 | 上部托钩或卡架数 | 下部托钩或卡架数 | 合计 |
|---|---|---|---|---|---|---|
| 1 | 长翼型 | 挂墙 | 2～4 | 1 | 2 | 3 |
| | | | 5 | 2 | 2 | 4 |
| | | | 6 | 2 | 3 | 5 |
| | | | 7 | 2 | 4 | 6 |
| 2 | 柱型<br>柱翼型 | 挂墙 | 3～8 | 1 | 2 | 3 |
| | | | 9～12 | 1 | 3 | 4 |
| | | | 13～16 | 2 | 4 | 6 |
| | | | 17～20 | 2 | 5 | 7 |
| | | | 21～25 | 2 | 6 | 8 |
| 3 | 柱型<br>柱翼型 | 带足落地 | 3～8 | 1 | — | 1 |
| | | | 8～12 | 1 | — | 1 |
| | | | 13～16 | 2 | — | 2 |
| | | | 17～20 | 2 | — | 2 |
| | | | 21～25 | 2 | — | 2 |

4）采暖系统安装完毕，管道保温之前应进行水压试验。当设计未注明时，蒸汽、热水采暖系统，应以系统顶点工作压力加0.1MPa（且不小于0.3MPa）做水压试验；高温热水采暖系统，试验压力应为系统顶点压力加0.4MPa做水压试验；使用塑料管及复合管的热水采暖系统，应以系统顶点工作压力加0.2MPa（且不小于0.4MPa）做水压试验。钢管及复合管在试验压力下10min内压力降不大于0.02MPa，降至工作压力后检查，不渗不漏为合格；塑料管在试验压力下1h内压降不应大于0.05MPa，然后降至工作压力的1.15倍，稳压2h，压力降不大于

0.03MPa，同时各连接处不渗不漏为合格。

图2-2-24 暖气片安装

### 5. 地辐热采暖安装

（1）工作流程：绝热层铺设→分、集水器安装→加热管敷设→系统试压

（2）操作方法：

1）铺设绝热层的地面应平整、干燥、无杂物，墙面根部应平直。直接与室外空气接触的楼板或不采暖房间相邻的地板作为采暖辐射地面时，必须设置绝热层，绝热层铺设应平整，相互间结合应严密，多层绝热层要错缝铺设。在可能有潮气侵入人体的地面，铺放绝热层之前应先铺一层防潮层。

2）分水器、集水器宜在供热管敷设之前安装，水平安装时，宜将分水器安装在上，集水器安装在下，中心距宜为200mm，集水器中心距地面不应小于300mm。每户的分水器、集水器等入户装置宜设置在户内，并应远离卧室等主要功能房间。每个分水器、集水器分支环路不宜多于8路，每个分支环路供回水管上均应设置可关断阀门。分水器前应设置过滤器，分水器、集水器上均应设置手动或自动排气阀。分水器、集水器、关断阀、调节阀、泄水阀、排气阀和连接配件等的材料宜为铜质，表面电镀的连接件色泽应均匀，镀层应牢固。采用分户热计量的系统应安装相应的热计量或热量分摊装置。

3）加热管管径、间距和长度应符合设计要求，管间距误差不应大于10mm。加热管应做到自然释放，不允许出现扭曲、硬弯现象，埋设于填充层内的加热管不应有接头，塑料管弯曲半径不应小于管道外径的8倍，铝塑复合管弯曲半径不应小于管道外径的6倍。每个主要房间应独立设置环路，面积小的附属房间内的加热管可串联，不同标高的房间地面，不宜共用一个环路。加热管距离外墙内表面不得小于100mm，与内墙距离宜为200～300mm，距卫生间墙体内表面宜为100～150mm。加热管敷设应采用回折型或平行型布管方式，热负荷明显不均匀的房间宜将高温管段优先布置于房间热负荷较大的外窗或外墙侧。加热管应设固定装置，弯头两端宜设固定卡，直管段固定点间距应为500～700mm，弯曲管段固定点间距宜为200～300mm；若用扎带代替固定卡，扎带应固定在绝热层上的网格上。当密集部位加热管管间距小于100mm时，加热管外应设置柔性套管。当地面面积超过30m²或边长超过6m时，应按不大于6m间距设置伸缩缝，伸缩缝宽度不应小于8mm。加热管出地面与分水器、集水器连接时，其外露部分应加装塑料或波纹套管，套管应高出装饰面150～200mm。加热管排布可用回折型、平行型、双平行布置如图2-2-25～图2-2-27所示，分水器、集水器安装效果如图2-2-28所示。

4）阀门、分水器、集水器组件安装前应做强度和严密性试验，每批抽检10%，且不得少于1个；对于安装在分水器、集水器进出口及旁通管上的旁通阀应逐个进行。强度试验压力应为工作压力的1.5倍，严密性试验压力应为工作压力的

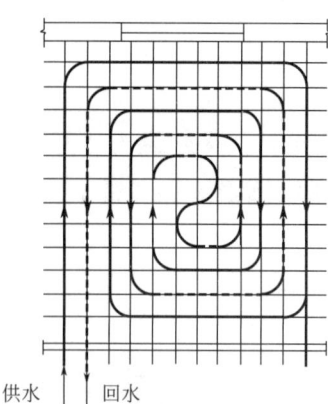

供水　回水

图 2-2-25　回折型布置　　图 2-2-26　平行型布置　　图 2-2-27　双平行布置

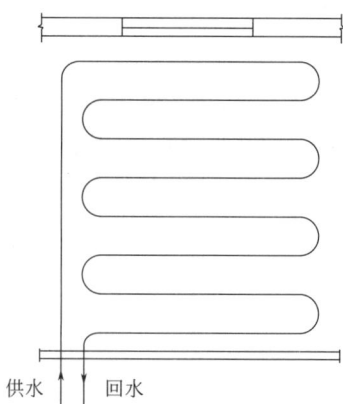

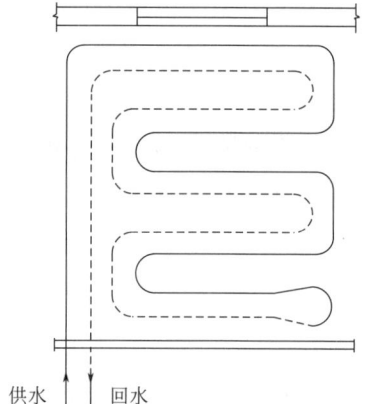

图 2-2-28　加热管及分水器、集水器安装

1.1倍，强度和严密性试验持续时间应为15s，期间压力应保持不变，壳体、填料及阀瓣密封面应无渗漏。

管道敷设完成，经检查符合设计及规范要求后应进行系统冲洗，冲洗合格后进行水压试验，水压试验应以每组分水器、集水器为单位，逐回路进行。试验压力应为工作压力的1.5倍，且不小于0.6MPa，在试验压力下，稳压1h，其压力降不应大于0.05MPa，且不渗不漏为合格。混凝土填充式地面采暖系统应分别在浇筑混凝土填充层前和填充层养护期满后各进行一次水压试验。

## 2.2.4　消防设施及消防组件安装

### 1. 室内消火栓箱安装

（1）工作流程：消火栓箱安装→支管及配件安装→标识

（2）操作方法：

1）暗装消火栓箱应解体进行，当主体结构、墙体等施工到图纸设计的消火栓箱位置时，先安装消火栓箱体，箱门、玻璃、配件等可在竣工前安装。明装消火栓箱可在墙面工作完成后，采用不少于4颗膨胀螺栓将箱体可靠固定在墙面上，下底面与踢脚线平齐。消火栓箱体安装的垂直度允许偏差为±3mm。消火栓箱安装尺寸如图2-2-29所示。

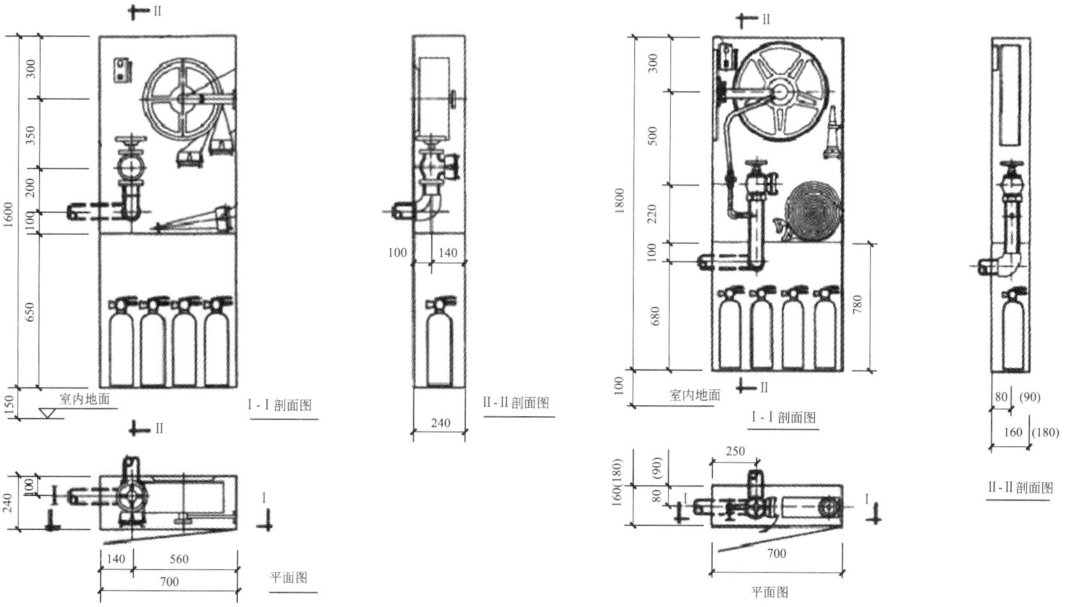

图 2-2-29　消火栓箱安装尺寸

2）从箱门开启侧将管道接入消火栓箱内，栓口朝外，并不应安装在门轴侧，栓口中心距离地面为1.1m，允许偏差±20mm，阀门中心距箱侧面为140mm（带自救卷盘时为250mm），距箱后内表面为100mm。将折叠好的消防龙带置于箱内挂架上（或盘紧放于箱内），自救软管整齐盘绕在卷盘上，消防水枪悬挂在箱体内侧专用挂钩上。箱内的灭火器压力指针应在绿色区域。消火栓箱安装效果如图2-2-30所示。

3）消火栓箱门正面分别粘贴"消火栓""灭火器"等标识，字体宜采用100号黑体、红色字。

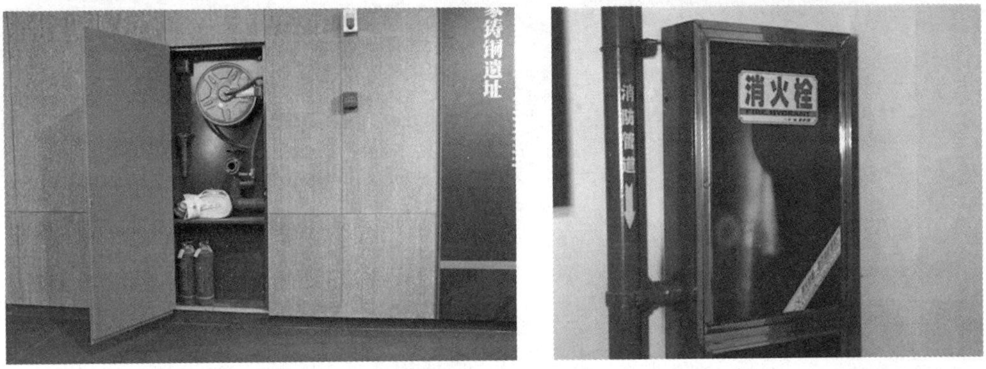

图 2-2-30　消火栓箱安装

### 2. 室外消火栓及消防水泵接合器安装

（1）工作流程：消火栓或水泵接合器安装→配件安装→标识

（2）操作方法：

1）室外消火栓及消防水泵接合器按照安装方式可分为：地上式、墙壁式和地下式三种。地上式消火栓应设有自动放水装置，当内置出水阀关闭时自动放空消火栓内积水，以防止消火栓冻裂。墙壁式消防水泵接合器及墙壁式消火栓，进、出水栓口的中心距离地面应为1.1m，其上方应设有防坠落物打击的措施。地下式消防水泵接合器及地下式消火栓的顶部进、出水口与地面的距离不得大于400mm，且不应小于井盖的半径，井内应有足够的操作空间，并设有爬梯，寒冷地区井内应做防冻措施。墙壁式喷淋水泵接合器如设计无要求时，进水栓口中心距离地面应为700mm，与墙面上的门、窗、孔、洞的净距离不应小于2.0m，且不应安装在玻璃幕墙下方。室外消火栓及消防水泵接合器安装效果如图2-2-31所示。

2）室外消火栓及消防水泵接合器的弯管、三通、阀门底座应设支墩，并托紧弯管、三通和阀门底部。

3）室外消火栓及消防水泵接合器应设置永久性固定标识，并有分区标识。地下式消防水泵接合器应采用铸有"消防水泵接合器"标识的铸铁井盖。

图 2-2-31　室外消火栓及消防水泵接合器安装

### 3. 湿式报警阀组安装

（1）工作流程：水源控制阀安装→湿式报警阀安装→警铃及压力开关安装

（2）操作方法：

1）湿式报警阀组安装应在供水管试压、冲洗合格后进行。安装前应先检查水源控制阀的规格、型号、开闭标识、锁定设施、水流方向标识等符合设计要求，并检查阀件的严密性。先安装水源控制阀、报警阀，然后进行报警阀辅助管道的连接。水源控制阀、报警阀配水干管的连接，应使水流方向一致。

2）湿式报警阀应安装在明显且易于操作的位置，阀中心距离地面为1.2m，两侧距离墙面不小于500mm，正面距离墙面或其他障碍物不小于1.2m，相邻阀组凸出部位的距离不应小于500mm。阀组地面应设有排水设施，实现有组织排水。湿式报警阀组安装如图2-2-32所示。

图 2-2-32　湿式报警阀组安装

3）延迟器安装在报警阀与水力警铃之间的管道上，压力开关应竖直安装在通往警铃的管道上，压力表安装在报警阀上便于观察的位置，排水管和试验阀应安装在便于操作的位置，水力警铃应安装在公共通道或值班室附近的外墙上，且应安装检修、测试用的阀门。

### 4. 喷淋头安装

（1）工作流程：管线排布→管道安装→试压冲洗→喷头安装→通水调试

（2）操作方法：

1）采用BIM技术对管道走向、支吊架、防晃支架、喷淋头位置等进行综合排布，确保管线排列整齐有序，喷头居中对称，成行成排。同时对管道的连接件进行策划，配水干管（立管）与配水支管（水平管）连接，应采用沟槽式管件，不应采用机械三通。

2）管道安装位置应符合设计及规范要求，对于公称直径大于或等于50mm的管道，还应设置防晃支架，防晃支架的间距不宜大于15m，当管道改变方向时，应增设防晃支架。每一段配水支管、相邻两喷头之间的管段支吊架不宜少于1个，吊架的间距不宜大于3.6m；管道支吊架与喷头的距离不宜小于300mm；末端喷头应设置防晃支架，其与末端喷头的距离不宜大于750mm。

3）管网安装完毕，必须进行强度试验、严密性试验和冲洗，干式喷水灭火系统、预作用喷水系统应做水压试验和气压试验。当系统工作压力小于等于1.0MPa时，试验压力为工作压力的1.5倍，并不应低于1.4MPa；当系统工作压力大于1.0MPa时，试验压力为工作压力加0.4MPa。达到试压压力后稳压30min，压降不大于0.05MPa为合格。管网冲洗应在试压合格后分段进行，水流速度、流量不应小于设计要求。严密性试验应在水压强度试验和管网冲洗合格后进行，在工作压力下，稳压24h无渗漏为合格。

4）喷头安装必须在系统试压、冲洗合格后进行。喷头到现场后，先检查规格、型号、动作温度、响应时间等参数应符合设计要求，喷头外观应无损伤和缺陷，螺纹表面应无伤痕、毛刺、断丝、缺丝等现象。然后，从每批到场的喷头中抽查1%，并不得少于5只，试验压力3.0MPa，保压时间3min，当两只及以上不合格时，不得使用该批喷头；当仅有一只不合格时，应再抽查2%，并不得少于10只，重新进行性能试验，仍有不合格时，亦不得使用该批喷头。喷头安装应使用专用扳手，严禁利用喷头的框架施拧，严禁给喷头、隐蔽式喷头的盖板附加任何装饰性涂层。安装在易受机械损伤处的喷头，应加设喷头防护罩。当梁、风管、排管、槽盒宽度大于1.2m时，增设的喷头应安装在其腹面以下部位。

5）通水调试时，报警阀组在模拟火灾时，应配合电气专业共同调试；稳压泵在接到模拟信号后，应立即启动，达到设计压力时，应立即停泵。喷淋泵以手动或自动式启动时，应能在60s内投入正常运行。喷淋头安装效果如图2-2-33所示。

图 2-2-33　喷淋头安装

## 2.2.5　防腐、保温

### 1. 管道及设备油漆防腐

（1）工作流程：除锈去污→油漆配置→油漆涂刷

（2）操作方法：

1）除锈去污的方式一般分为人工除锈、机械喷砂除锈、化学除油去污三种。人工除锈是采用钢丝刷、粗砂布等擦拭金属结构表面油迹和锈斑，直到露出金属光泽，再用棉纱等擦拭干净；机械喷砂除锈是采用 0.4 ~ 0.6MPa 压缩空气，将粒度 0.5 ~ 2mm 的砂子随气流方向喷射到金属表面污垢和锈斑，靠砂子高速喷射打击，使金属表面的锈垢脱落，露出金属本色；化学除油去污是采用化学药剂清除金属表面的油垢锈迹，露出金属光泽。

2）油漆调配及稀释剂的选择，应根据设计要求及油漆出厂说明书的规定进行。配置时，先将油漆搅拌均匀，加入少量稀释剂，再搅拌均匀，然后进行试刷，根据试刷结果，判断是否再加入稀释剂来调整油漆的稀稠程度，再次搅拌均匀和试刷，直至达到涂刷要求。

3）手工涂刷使用油漆刷子，每次涂刷应少蘸油漆，多动刷子，防止油漆流淌，涂刷应自上而下、从左向右、先里后外进行，油漆涂层应薄厚均匀，无漏涂现象，手工涂刷应分层进行，每层不宜过厚，在上一层油漆干透后，才能进行第二层涂刷，涂刷层数应符合设计要求。机械喷涂有压缩空气喷涂、静电喷涂、高压喷涂等。管道工程常用压缩空气喷涂法，以压缩空气为动力，采用专用喷枪，将油漆均匀喷洒到管道及设备表面，压缩空气喷涂的漆膜较薄，多遍喷涂时，要掌握好厚度，应在上一层漆膜完全干燥后，再喷下一层。管道及设备油漆防腐效果如图 2-2-34 所示。

图 2-2-34 管道及设备油漆防腐效果

## 2. 管道及设备保温

（1）工作流程：保温材料放样下料→保温层安装→保护层安装

（2）操作方法：

1）按照设计要求选择合适的保温绝热材料，测量设备、管道、弯头、阀门等的长度、厚度、凹凸、拐弯等尺寸，放样下料。保温及虾弯保护壳下料做法如图2-2-35所示。

2）橡塑保温应先用橡塑填料将阀体等凹进部位粘贴填平，再将专用胶均匀涂刷在管道、阀体表面，然后将橡塑材料包裹在设备、管道、阀体上，防止接缝处不严密、开裂，可在接缝处粘贴一道5mm厚30mm宽的橡塑带加强密封；采用外敷铝箔保护层管壳时，先将管壳剖开，对包在管道上，然后在接缝处粘贴铝箔胶带；采用玻璃丝保温棉保温时，应将玻璃丝布裁成幅宽200～300mm的长条，拉紧缠绕在保温棉外面，边缠绕边整平，接茬平整，外径均匀一致，末端固定牢靠。绝热管道穿墙、板时，绝热层应连续。在管道与支吊架之间设置绝热管托，管托内径与管道相匹配，用U型卡环固定在支吊架上。

3）采用薄镀锌铁皮、不锈钢板、铝皮做保护层时，立管应自下而上施工，保护壳横缝应上压下，纵缝搭接口向内侧，水平缝搭接口应朝下，搭接长度宜为30mm，并应有凸筋加固。管弯处，应采用虾米弯的方法下料、拼接，节数符合表2-2-7所示，按照虾米弯长度平均分配，过渡自然，圆滑平顺。保温及虾米弯保护壳安装效果如图2-2-36所示。

虾米弯节数表（个）                     表 2-2-7

| 序号 | 管道直径（mm） | 节数（个） | 备注 |
| --- | --- | --- | --- |
| 1 | 小于等于150 | 4 | 45°拼接 |

| 序号 | 管道直径（mm） | 节数（个） | 备注 |
|------|----------------|-----------|------|
| 2 | 150 ~ 250 | 9 | 45°拼接 |
| 3 | 250 ~ 300 | 11 | 45°拼接 |
| 4 | 200以上 | 13 | 45°拼接 |

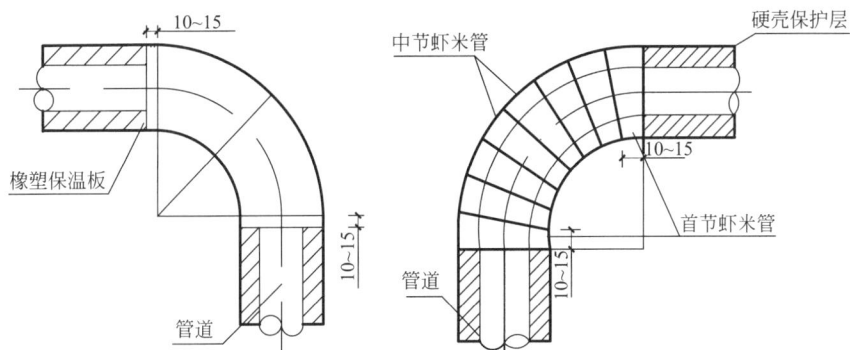

图 2-2-35 保温及虾米弯做法

图 2-2-36 保温及虾米弯保护壳安装

# 2.3 通风与空调工程工艺流程

通风与空调工程工作流程如图2-3-1所示。

## 2.3.1 通风与空调设备安装

### 1. 制冷机组与附属设备安装

（1）工作流程：基础复核→机组就位→地脚螺栓灌浆→试压吹扫→单机试运转

```
┌──────────────────────┐
│   施工准备及材料验收    │
└──────────────────────┘
           │
┌──────────────────────┐
│    套管等随主体预埋     │
└──────────────────────┘
           │
┌──────────────────────┐
│     检查、隐蔽验收      │
└──────────────────────┘
           │
┌──────────────────────┐
│     支吊架制作安装      │
└──────────────────────┘
           │
┌──────────────────────┐
│   阀门等安装前水压试验   │
└──────────────────────┘
           │
    ┌──────┼──────────────────┐
    │      │                  │
┌─────────┐ ┌─────────────┐ ┌──────────────┐
│空调水管及│ │风管、阀门及  │ │防排烟管及配件 │
│配件安装  │ │配件安装      │ │安装          │
└─────────┘ └─────────────┘ └──────────────┘
    │            │                  │
┌─────────┐ ┌─────────────┐ ┌──────────────┐
│风机盘管等│ │送排风设备安装│ │排烟防火阀及配 │
│末端安装  │ │配管连接      │ │件安装        │
└─────────┘ └─────────────┘ └──────────────┘
    │            │                  │
    └────────→┌──────────────┐←─────┘
              │  强度及严密性试验 │
              └──────────────┘
                     │
              ┌──────────────┐
              │ 设备安装及配管连接│
              └──────────────┘
                     │
              ┌──────────────┐
              │ 系统调试、系统试运行│
              └──────────────┘
                     │
              ┌──────────────┐
              │通风与空调工程分部验收│
              └──────────────┘
```

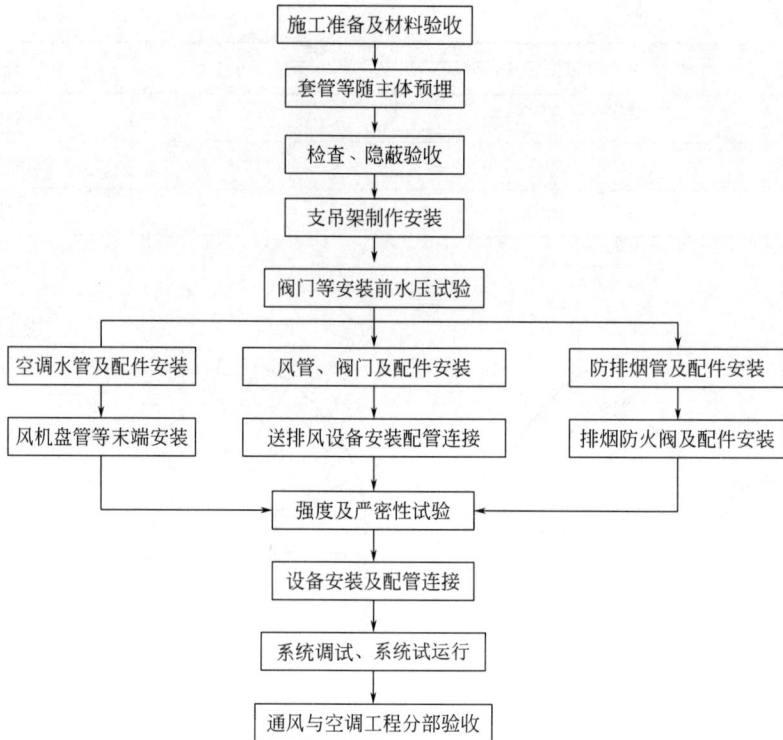

图 2-3-1 通风空调工程工作流程

（2）操作方法：

1）根据设计图纸及规范要求，对设备基础进行全面检查验收，基础标高、坐标、地脚螺栓孔位置、尺寸等应符合要求。

2）设备开箱检查外观应完好无损，核对设备随机文件、附件、专用工具等应齐全，设备就位应采用垫铁找平找正，每组垫铁不应该超过3块，调平调正后同一组垫铁应焊接在一起。注意设备的各种接管方向、进出口方向应符合工艺流程及设计要求。安装低温设备时，设备的支撑处应加50mm厚的垫木，垫木应采用热沥青进行防腐处理。采用隔震措施的制冷设备，其隔震位置应正确，各个隔震器的压缩量应均匀一致，偏差不应大于2mm。设置弹簧隔震的制冷机组，应设有防止机组水平位移的限位装置。

3）清理地脚螺栓预留孔，将地脚螺栓扶正放好，采用多棱角碎石混凝土进行灌浆，同时振捣密实，确保地脚螺栓的垂直度和精度。待灌浆混凝土达到规定强度后，应对设备进行二次精平。制冷机组与附属设备安装效果如图2-3-2所示。

4）对于设备出厂前内部已做充氮气保护的，经现场检查氮气无泄漏，可不做单体气密性试验。对于组装式制冷机组和现场充注制冷剂的机组，制冷机组就位后，应按照设计及设备说明书进行管路吹污、气密性试验、真空试验和充注制冷剂检漏试验。设备单体试压合格后，应将内部余气放干净，同时用压缩空气或氮气对内部盘管反复吹扫，直至无异物。

5）燃油管道系统必须设置可靠的防静电装置，燃气系统管道与机组的连接不得使用非金属软管。制冷设备的各种管路、安全保障装置安装完毕，润滑、冷却、给水、供气、电气、仪表、自控装置等全部安装完成并检验合格，才能投入试运转，试运转的各种技术参数应符合设计及设备说明书要求，正常试运转时间不应少于8h。

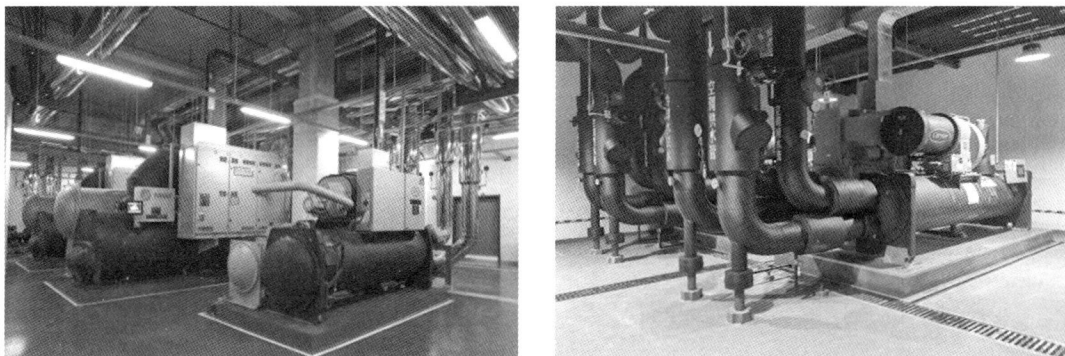

**图 2-3-2**　制冷机组与附属设备安装

### 2. 冷却塔安装

（1）工作流程：基础复核→冷却塔安装→填料安装→单机试运转

（2）操作方法：

1）根据设计图纸及规范要求，对设备基础进行全面检查验收，基础标高、坐标、尺寸等应符合要求，允许误差为±20mm，进风侧距离建筑物应大于1m。

2）冷却塔与基座的连接应采用镀锌或不锈钢螺栓，固定应牢固。冷却塔安装应水平，单台冷却塔的水平度和垂直度允许偏差应为2‰，多台冷却塔排列应整齐，各台开式冷却塔的水面高度应一致，高度偏差值不应大于30mm。风机叶片端部与冷却塔塔身周边的径向间隙应均匀，叶片角度应调整一致。冷却塔出水管及喷嘴方向、位置应正确。

3）冷却塔填料安装应在所有电气焊作业完成后进行，填料安装应疏密适中，间距均匀。冷却塔安装结束，应全面清理塔内、管道及水池等处的残渣、杂物，避免堵塞管道及布水器。

4）冷却塔风机与冷却水系统循环试运行不应小于2h，运行应无异常。塔体应稳固、无异常振动。冷却塔的风机叶轮旋转方向应正确，运转应平稳，无异常声响，在额定转速下连续运转2h，滑动轴承外壳最高温度不得大于70℃，滚动轴承不得大于80℃。冷却塔安装效果如图2-3-3所示。

图 2-3-3　冷却塔安装

### 3. 多联机空调系统安装

（1）工作流程：基础复核→室外机安装→室内机安装→冷媒管安装→单机试运转

（2）操作方法：

1）根据设计图纸及现行规范要求，对多联机室外机设备基础进行检查验收，基础标高、坐标、尺寸等应符合要求。

2）室外机应保持水平，固定牢靠，凝结水盘具有一定的坡度，坡向凝结水管。机组运行不应有异常噪声，减震装置与紧固螺栓齐全，通风条件良好，送、回风口之间，不应形成气流短路。多台机组集中安装时，不应影响相邻机组的正常运行。

3）室内机安装应固定可靠，减震措施齐全，多台机组集中安装时，应排布整齐，有吊顶的应与吊顶表面结合紧密。多联机空调系统室外机安装效果如图2-3-4所示。

4）制冷剂铜管一般可采用承插式钎焊、套管式钎焊和压接连接，连接应严密。室外机组间冷媒管的布置应采用合理的短捷路线，排布整齐，支架设置合理，间距均匀。室内冷媒管道应排列合理、整齐，保温严密，支吊架固定可靠，间距均匀。

5）多联机空调系统安装完毕，气密性试验合格，在充满定量制冷剂后，可进行系统的试运转。系统应能正常输出冷风或热风，在常温下可进行冷热切换调控。

### 4. 组合式空调机组安装

（1）工作流程：空调机组基础复核→空调机组安装→单机试运转

（2）操作方法：

1）依据设计图纸及规范要求，首先对组合式空调机组的基础进行检查验收，基础标高、坐标、尺寸等，应符合要求。

2）组合式空调机组各段安装顺序应符合设计及产品技术文件的要求，安装前

图 2-3-4　多联机空调系统室外机安装

先对各功能段进行编号，安装时应从空调设备的一端开始，逐一将各段体抬上设备基础，校正位置后加衬垫，将相邻的两段用螺栓连接严密、固定牢靠，并将机组内部清理干净。凝结水的引流管应畅通，凝结水排放管应设水封。加热段与相邻段体间应采用耐热材料作垫片，过滤器（网）的安装应便于拆卸及更换滤料，过滤器（网）与框架间应严密。机组与风管采用柔性短管连接时，柔性短管的绝热性能应符合风管系统的要求。组合式空调机组安装效果如图2-3-5所示。

图 2-3-5　组合式空调机组安装

3）彻底清扫机组各段内杂物、垃圾、灰尘等，外观检查各功能段连接严密、平整，然后进行单机试运转，合格后，进行带冷（热）源连续运转不少于8h。

5. **风机盘管安装**

（1）工作流程：风机盘管开箱试运转→风机盘管安装→单机试运转

（2）操作方法：

1）开箱检查设备外观应无损伤，附配件规格、数量与随机技术文件保持一致。安装前宜逐台进行风机三速试运转及盘管水压试验，试验压力应为系统工作压力的1.5倍，试验观察时间为2min，不渗不漏为合格。

2）风机盘管应设独立支吊架，固定应牢固，吊杆不应自由摆动，高度与坡度应正确，与风管、回风箱或风口的连接应严密可靠。冷热水管与风机盘管宜采用长度150mm的不锈钢软管相连，凝结水管宜用长度不大于300mm的透明胶管连接。凝结水应能畅通流到指定位置，滴水盘应无积水现象。风机盘管安装效果如图2-3-6所示。

3）单机试运转应无异常噪声，或噪声不大于设计及设备技术文件的要求，风机盘管机组的调速、温控阀的动作应正确，并与机组运行状态一一对应，中档风量的实测值应符合设计要求。

图 2-3-6  风机盘管安装

### 6. 通风机安装

（1）工作流程：风机检查搬运→风机安装→单机试运转

（2）操作方法：

1）开箱检查叶轮、机壳、部品配件等应与装箱清单一致，进出风口的位置、方向应符合设计及现场实际的要求。搬运使用的绳索及工具等应安全可靠，防止搬运时造成设备损伤。

2）整体风机安装直接吊装在基础上，设备的地脚螺栓应紧固，并应采取防松动措施。落地安装时，应设置减震装置，并应采取防止水平位移的措施；悬挂安装时，各吊架及减震装置承受的荷载压缩量应均匀，没有形成偏心。通风机的机轴应保持水平，风机与电动机用联轴器连接时，两轴中心线应在同一直线上；通风机与电动机用三角皮带传动时，保证电动机与通风机的轴线相互平行，两个皮带轮的中心线相重合，三角皮带拉紧程度适度。通风机传动装置的外露部位，以及直通大气的进、出风口，必须装设防护罩、防护网。风机与风管连接时应采取柔性短管连接。通风机安装效果如图2-3-7所示。

3）通风机安装完成，添加适度的润滑油，全面检查并手动盘车，点动电源相序正确后开始通电试运转，在额定转速下试运转时间不应少于2h。试运转完毕，风机减震装置等应无位移或破损。

图 2-3-7 通风机安装

## 2.3.2 风管、空调水管道及支吊架安装

### 1. 金属风管制作安装

（1）工作流程：金属风管制作→支架安装→风管安装→强度及严密性试验

（2）操作方法：

1）金属风管的材料品种、规格、性能与厚度应符合设计要求，当设计无要求时，按照表2-3-1执行。金属风管的板材拼接应错开，不得有十字形拼接缝。风管与配件的咬口缝应紧密、宽度应一致、折角应平直、圆弧应均匀，且两端面应平行。若风管的外径或外边长小于或等于300mm，其允许偏差不应大于2mm；若风管的外径或外边长大于300mm，其允许偏差不应大于3mm；矩形风管两条对角线之差不应大于3mm，圆形法兰任意两直径之差不应大于3mm。

微压、低压、中压系统风管法兰的螺栓及铆钉孔的孔距不得大于150mm；高压系统风管不得大于100mm。矩形风管法兰的四角部位应设有螺栓孔。风管法兰的焊接缝应熔合良好，无假焊和孔洞，同一批加工的相同规格法兰的螺栓孔排列应一致，并应具有互换性。风管与法兰铆接连接时，铆接应牢固，翻边应平整、紧贴法兰，宽度应一致，且不小于6mm。镀锌钢板风管表面不得有10%以上的白花、镀锌层粉化等损坏现象。当不锈钢板或铝板风管的法兰采用碳钢时，应进行防腐及防电化腐蚀措施。

薄钢板法兰矩形风管的法兰高度，应大于或等于相同金属法兰风管的法兰高度，薄钢板法兰矩形风管不得用于高压风管。当圆形风管直径大于或等于800mm，且每段长度大于1250mm或总面积大于4m²时，均应采取加固措施；矩形风管的边长大于630mm，或矩形保温风管边长大于800mm，管段长度大于1250mm，或低压风管单边平面面积大于1.2m²，中高压风管大于1.0m²，均应采取加固措施。矩形风管弯管宜采用一个平面边长的曲率半径，内外同心圆的形式，当平面边长大于500mm时，应设弯管导流叶片。

金属风管板材厚度表（mm） 表2-3-1

| 风管直径或边长b（mm） | 微压、低压风管 | 中压风管 | | 高压风管 | 除尘风管 |
| --- | --- | --- | --- | --- | --- |
| | | 圆形 | 矩形 | | |
| b≤320 | 0.5 | 0.5 | 0.5 | 0.75 | 2.0 |
| 320<b≤450 | 0.5 | 0.6 | 0.6 | 0.75 | 2.0 |
| 450<b≤630 | 0.6 | 0.75 | 0.75 | 1.0 | 3.0 |
| 630<b≤1000 | 0.75 | 0.75 | 0.75 | 1.0 | 4.0 |
| 1000<b≤1500 | 1.0 | 1.0 | 1.0 | 1.2 | 5.0 |
| 1500<b≤2000 | 1.0 | 1.2 | 1.2 | 1.5 | 按设计要求 |
| 2000<b≤4000 | 1.2 | 按设计要求 | 1.2 | 按设计要求 | 按设计要求 |

2）金属风管水平安装，当直径或边长小于或等于400mm时，支吊架间距不应大于4m；大于400mm时，当支吊架间距不应大于3m。薄钢板法兰风管的支吊架间距不应大于3m。垂直安装时，应设置至少2个固定点，支架间距不应大于4m。支吊架的位置不应影响阀门、自动执行机构的正常动作，且不应设置在风口、检查门处，离风口和分支管的距离不宜小于200mm。悬吊的水平主、干风管直线段长度大于20m时，应设置防晃支架或防摆动的固定点。边长（直径）大于1250mm的弯头、三通等部位应设置单独支吊架。

3）风管安装时，应保持清洁，风管内部不应有杂物和灰尘，法兰的连接螺栓应均匀拧紧，螺母宜在同一侧，法兰垫片的厚度不应小于3mm，垫片不应凸入风管内，且不应突出法兰外，垫片接口交叉长度不应小于30mm。风管接口应严密牢固，接口不得缩小其有效面积。风管连接应平直，明装风管水平安装时，水平度允许偏差为3‰，总偏差不应大于20mm；垂直安装时，垂直度允许偏差2‰，总偏差不应大于20mm。矩形薄钢板法兰风管采用弹簧夹连接时，宜采用正反交叉固定方式，连接固定的间隔不应大于150mm，且不应松动。

外保温风管穿越墙体时，应加设套管。当风管穿过需要封闭的防火、防爆的墙体或楼板时，必须设置厚度不小于1.6mm的钢制防护套管，风管与防护套管之间应采用不燃柔性材料封堵严密。风管内严禁其他管线穿越，输送含有易燃、易爆气体的风管系统通过生活区或其他生产房间时不得设置接口。金属风管安装效果如图2-3-8所示。

4）风管系统安装完毕，应按系统类别和相关要求进行外观质量检查，合格后进行严密性检验、漏风量检验、强度试验。低压风管在1.5倍工作压力；中压风管在1.2倍工作压力，且不小于750Pa；高压风管在1.2倍工作压力下；风管保持试验压力5min及以上时间，接缝处应无开裂，无永久性变形及损伤，为合格。矩形金属风管的严密性检验，在工作压力下的允许漏风量应符合表2-3-2的规定。

**风管允许漏风量** 表2-3-2

| 风管类别 | 允许漏风量 $[\mathrm{m^3/h \cdot m^2}]$ |
|---|---|
| 低压风管 | $Q_l \leqslant 0.1056P^{0.65}$ |
| 中压风管 | $Q_m \leqslant 0.0352P^{0.65}$ |
| 高压风管 | $Q_h \leqslant 0.0117P^{0.65}$ |

注：$Q_l$为低压风管允许漏风量，$Q_m$为中压风管允许漏风量，$Q_h$为高压风管允许漏风量，$P$为系统风管工作压力（Pa）。

图2-3-8 金属风管安装

## 2. 非金属风管制作安装

（1）工作流程：非金属风管制作→支架安装→风管安装→强度、严密性试验

（2）操作方法：

1）非金属风管的材料品种、规格、性能与厚度等应符合设计要求，当设计无要求时，应符合《通风与空调工程施工质量验收规范》GB 50243—2016的4.2.4条的规定。

硬聚氯乙烯风管两端面应平行，外径或边长的允许偏差不应大于2mm，表面应平整，圆弧应均匀，凹凸不应大于5mm，硬聚氯乙烯风管法兰螺栓孔的距离不得大于120mm，矩形风管法兰的四角处应设有螺栓孔，当风管的直径或边长大于

500mm时，风管与法兰的连接处应设加强板，且间距不得大于450mm。

玻璃钢风管两端面应平行，内表面应平整光滑、无气泡，外表面应平整，厚度应均匀，边缘处不应有毛刺及分层现象。矩形玻璃钢风管的边长大于900mm，且管段长度大于1250mm时，应采取加固措施，加固筋的分布应均匀整齐。玻璃钢风管表面不得出现泛卤及严重泛霜，风管法兰螺栓孔的距离不得大于120mm，矩形风管法兰的四角处应设有螺栓孔，当采用套管连接时，套管厚度不得小于风管板材厚度。

复合材料风管的腹面材料必须采用不燃材料，内层的绝热材料应采用不燃或难燃且对人体无害的材料，复合板材的内外腹面层粘贴应牢固，表面平整无破损，风管内转角连接缝应采用密封措施。双面铝箔复合风管的折角应平直，两端面应平行，边长或直径允许偏差2～3mm，板材的拼接应平整，凹凸不大于5mm，当风管边长大于1600mm时，板材拼接应采用H形PVC或铝合金加固条。铝箔复合风管采用直接黏结连接时，平面边长不应大于500mm；采用专用连接件时，金属连接件的厚度不应小于1.2mm，塑料连接件的厚度不应小于1.5mm。聚氨酯铝箔复合风管或酚醛铝箔复合风管，内支撑加固的镀锌螺杆直径不应小于8mm，穿管壁处应进行密封处理。

铝箔玻璃纤维风管板材应平整干燥，外表面铝箔隔气层与内芯玻璃纤维应黏合牢固，内表面应有防纤维脱落的保护层。铝箔玻璃纤维风管采用铝箔胶带连接时，胶带应粘接在铝箔面上，胶带宽度不应小于50mm，接缝两边的宽度均应大于20mm，在对接缝的两面应分别粘贴3层以上胶带。铝箔玻璃纤维风管内支撑加固的镀锌螺杆直径不应小于6mm，穿管壁处应进行密封处理。正压风管边长大于或等于1000mm时，应增设外加固框，负压风管的加固框应设在风管的内侧，在工作压力下其支撑的镀锌螺杆不得有弯曲变形现象。

2）非金属风管水平安装时，当直径或边长大于400mm，支吊架间距不应大于3m；直径或边长小于或等于400mm，支吊架间距不应大于4m。非金属风管垂直安装时，支架间距不应大于3m。非金属风管的分支管应设置支吊架，支管的重量不应由干管承受。复合材料风管垂直安装宜采用"井"字形支架，连接应牢固。

3）聚氯乙烯圆形风管采用承插连接，直径小于或等于200mm时，插口深度宜为40～80mm，粘接处应严密牢固；采用套管连接时，套管厚度不应小于风管壁厚，长度宜为150～250mm；采用法兰连接时，垫片宜采用3～5mm软聚氯乙烯板或耐酸橡胶板；风管直管连续长度大于20m时，应按设计要求设置伸缩节。风管所用的金属附件和部件，均应进行防腐处理。

玻璃钢风管易受外界环境影响而变形，因此在选用支吊架时要加大其受力接触面，其采用托座和抱箍的扁钢规格不应小于30mm×4mm，托座和抱箍的圆弧应均匀且与风管的外径一致。风管垂直安装时支架间距不应大于4m，每根垂直风管不应少于2个支架。边长或直径大于1250mm的弯管、三通等应单独设置支吊架。无机玻璃钢风管边长或直径小于1250mm吊装时，不应超过2节；边长或直径大于或等于1250mm吊装时，不应超过3节。

复合材料风管的连接、接缝应牢固，不应有孔洞和开裂，当采用承插连接时，端口缝隙不应大于5mm。复合材料风管采用金属法兰连接时，应采用防冷桥的措施。酚醛铝箔复合风管插接连接法兰的不平整度应小于或等于2mm，插接连接条的长度应与连接法兰平齐，允许偏差为-2 ~ 0mm，插接法兰四角插条端头与护角应有密封胶封堵。玻璃纤维风管内角接缝处应采用密封胶勾缝，隼连接风管应在隼口处涂胶粘剂，连接后在外接缝处应采用扒钉加固，间距不宜大于50mm，并采用宽度大于或等于50mm的热敏胶带粘贴密封。

铝箔玻璃纤维风管采用承插阶梯接口连接时，承口应在风管外侧，插口应在风管内侧，承、插口均应整齐，插入深度应大于或等于板材厚度。风管采用角钢法兰连接时，角钢法兰规格可为同尺寸金属风管的法兰规格或小一档规格。中压风管边长大于1500mm时，复合风管法兰应为金属材料。非金属风管安装效果如图2-3-9所示。

4）非金属风管系统安装完毕，应按规范要求进行外观质量检查，合格后进行严密性检验、漏风量检验、强度试验。具体要求参照金属风管验收的相关内容。

图 2-3-9　非金属风管安装

### 3. 空调水管道安装

（1）工作流程：支架制作安装→管道及阀门安装→强度及严密性试验

（2）操作方法：

1）根据管道公称直径大小选择合适的型钢，加工支吊架，支吊架固定应牢靠，间距应均匀，与管道接触紧密。管道与设备连接处应设置单独支吊架，冷热源机房内总、干管的支吊架应采用承重防晃管架，与设备连接的管道、管架宜采取减震措施。当水平管道采用吊架时，应在系统管道的起始点、阀门、三通、弯头处及长度每隔15m处设置承重防晃支架。无热位移的管道吊架应垂直安装，有热位移的管道吊架应向热膨胀（或冷收缩）的反方向偏移安装。滑动支架的滑动面应清洁平整，安装位置应满足位移量要求。水平安装管道支吊架的最大间距应符合表2-3-3的规定。

**水平安装管道支吊架的最大间距**　　　　　　　　表2-3-3

| 公称直径（mm） | | 15 | 20 | 25 | 32 | 40 | 50 | 70 | 80 | 100 | 125 | 150 | 200 | 250 | 300 |
|---|---|---|---|---|---|---|---|---|---|---|---|---|---|---|---|
| 最大间距（mm） | $L_1$ | 1.5 | 2.0 | 2.5 | 2.5 | 3.0 | 3.5 | 4.0 | 5.0 | 5.0 | 5.5 | 6.5 | 7.5 | 8.5 | 9.5 |
| | $L_2$ | 2.5 | 3.0 | 3.5 | 4.0 | 4.5 | 5.0 | 6.0 | 6.5 | 6.5 | 7.5 | 7.5 | 9.0 | 9.5 | 10.5 |

注：1.适合于工作压力不大于2.0MPa，不保温或保温材料密度不大于200kg/m³的管道系统。

2.$L_1$用于保温管道，$L_2$用于不保温管道。

3.公称直径大于300mm的管道，可参考公称直径300mm的管道执行。

2）镀锌钢管及带有防护涂层的钢管不得采用焊接连接，应采用螺纹连接，当管径大于DN100时，可采用卡箍或法兰连接。管道焊接材料的品种、规格、性能，以及管道焊接坡口形式和尺寸应满足《通风与空调工程施工质量验收规范》GB 50243—2016的相关规定。管道对接缝与支架的距离应大于50mm。管道丝扣连接应牢固，接口处外露螺纹应为2～3扣丝，不应有填料外露。法兰连接管道的法兰面应与管道中心线垂直，且应同心，法兰对接应平行，偏差不应大于管道外径的1.5‰，且不得大于2mm，连接螺栓长度应一致，螺母应在同一侧。冷热水管道与支吊架之间，应设置衬垫，其厚度不应小于绝热层厚度。沟槽式连接管道的沟槽与橡胶密封圈和卡箍套应为配套，沟槽及支吊架的间距应符合表2-3-4的规定。

**沟槽式连接管道的沟槽及支架的间距**　　　　　　表2-3-4

| 公称直径（mm） | 沟　槽 | | 端面垂直度允许偏差（mm） | 支吊架间距（m） |
|---|---|---|---|---|
| | 深度（m） | 允许偏差（mm） | | |
| 65～100 | 2.20 | 0～0.3 | 1.0 | 3.5 |
| 125～150 | 2.20 | 0～0.3 | 1.5 | 4.2 |
| 200 | 2.50 | 0～0.3 | 1.5 | 4.2 |
| 225～250 | 2.50 | 0～0.3 | 1.5 | 5.0 |
| 300 | 3.0 | 0～0.5 | 1.5 | 5.0 |

　　阀门安装前应进行外观检查和压力试验，主干管上起通断作用的阀门、进行冷热水转换调节的阀门和止回阀、电（气）动自控阀门等，应进行全数试验，其他阀门可按照10%比例（不应少于一个）进行抽检。强度试验压力为公称压力的1.5倍，持续时间5min，阀门的客体、填料应无渗漏，严密性试验压力为公称压力的1.1倍，在试验压力和持续时间内压力应保持不变。空调水管道安装效果如图2-3-10所示。

　　3）管道安装完毕，外观检查合格后，应按照设计要求进行水压试验，若设计无要求，当工作压力小于或等于1.0MPa时，应为工作压力的1.5倍，最低不应小于0.6MPa；当工作压力大于1.0MPa时，应为工作压力加0.5MPa。系统最低点压力升至试验压力后，应稳压10min，压力降不应大于0.02MPa，然后降至工作压力，外观检查无渗漏为合格。

图 2-3-10　空调水管道安装

## 2.3.3　风口、阀件及部件安装

### 1. 风口安装

（1）工作流程：风口定位→连接三防布→风口固定

（2）操作方法：

　　1）应用BIM技术对同一房间、同一场所的风口和其他专业终端进行综合排布，保证风口居中对称，成行成排，整齐有序。风口安装做法如图2-3-11所示。

　　2）确定风口位置后，在风口颈部用手枪钻打眼，孔径一般为4mm，间距一般不大于100mm，用自攻螺钉和1.5～2.0mm厚的金属条将三防布固定到风口颈部。

　　3）将防火、防腐处理后的方木固定在吊顶龙骨上，用自攻螺钉将风口固定在方木上，自攻螺钉间距不大于300mm，风口应与吊顶结合严密，校正风口的平整度和水平度。风口安装效果如图2-3-12所示。

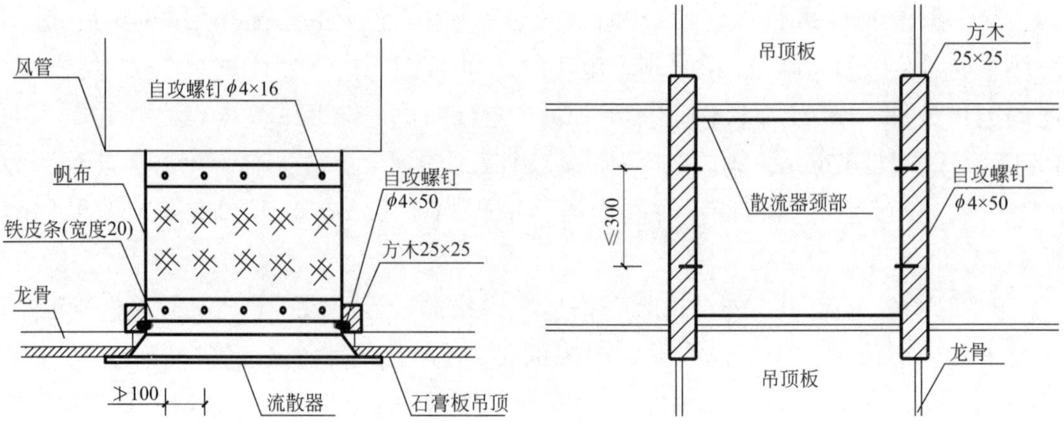

图 2-3-11　风口安装做法

图 2-3-12　风口安装

## 2. 阀件及部件安装

（1）工作流程：阀件部件制作→阀件部件安装→检查验收

（2）操作方法：

1）成品风阀及部件可以省略此步骤，外购成品阀件及部件性能参数应符合设计及相关技术文件的要求。

单叶风阀的结构牢固，启闭灵活，关闭严密，与阀体间隙应小于2mm；多叶风阀开启时，不应有明显的松动现象，关闭时叶片的搭接应贴合一致，截面积大于1.2m²的多叶风阀应实施分组调节。

止回阀阀片的转轴、铰链应采取耐酸材料，阀片在最大负荷压力下不应有弯曲变形，启闭应灵活，关闭应严密，水平安装时应有平衡调节机构。

三通调节阀的手柄转轴或拉杆与风管（阀体）的结合处应严密，阀板不得与风管相碰擦，调节应方便，手柄与阀片应处于同一转角位置，拉杆可在操控范围内定位固定。

插板阀阀体应严密，内壁做防腐处理，插板平整，启闭灵活，并应有定位固定装置，斜插板风阀阀体的上下接管应成直线。

风阀法兰应与连接的风管相匹配，其尺寸允许偏差应符合表2-3-5的规定。

风阀法兰尺寸允许偏差（mm）　　　　　　　　表2-3-5

| 风阀边长尺寸 B 或直径 D | 边长或直径偏差 | 矩形风阀端口对角线之差 | 法兰或端口端面平整度 | 圆形风阀法兰任意正交两直径之差 |
|---|---|---|---|---|
| B（D）≤ 320 | ± 2 | ± 3 | 0 ~ 2 | ± 2 |
| 320 < B（D）≤ 2000 | ± 3 | ± 3 | 0 ~ 2 | ± 2 |

风罩的结构应牢固，形状规则，表面平整光滑，转角处弧度均匀，外壳不得有尖锐的边角。厨房排烟罩下部集水槽应严密不漏水，并坡向排水口，罩内安装的过滤器应便于拆卸和清洗。

风帽的结构应牢固，形状规则，表面平整，伞形风帽伞盖的边缘应采取加固措施，各支撑的高度尺寸应一致；锥形风帽内外椎体的中心应同心，椎体组合的连接缝应顺水，下部排水口畅通；筒形风帽外筒体的上下沿口应采取加固措施，不圆度不应大于直径的2%，伞盖边缘与筒体的距离应一致，挡风圈的位置应准确。

消声器和静压箱的外壳应牢固严密，不得漏风，消声材料的材质应符合设计要求。阻性消声器填充的消声材料，体积密度应符合设计要求，铺设均匀，并应采取防止下沉的措施；片式阻性消声器消声片的材质、厚度及片距，应符合设计及产品技术文件要求；阻抗复合式、微穿孔（缝）板式消声器的隔板与壁板的结合处应紧贴严密，板面平整、无毛刺，孔径（缝宽）率和共振腔的尺寸应符合国家现行标准的有关规定。

柔性短管的外径或外边长应与风管尺寸相匹配，宜采用抗腐、防潮、不透气及不易霉变的柔性材料。柔性短管长度宜为150 ~ 250mm，接缝（缝制或粘贴）应牢固、可靠，不应有开裂现象。过滤器的过滤材料与框架连接应紧密牢固，安装方向应正确。

2）按照图纸设计安装风阀及部件，安装应平整，固定应牢靠。插板阀的阀板应顺气流方向插入；水平安装时，阀板应向上开启。止回阀、定风量阀的安装方向应正确。柔性短管不应作为调平、调零异径连接管，矩形柔性短管与风管连接不得采用抱箍固定的形式，柔性短管与法兰组装宜采用压板铆接连接，铆接间距宜为60 ~ 80mm。阀件及部件安装如图2-3-13所示。

3）阀件及部件安装完毕，检查风阀、风管部件及操作机构，操作应方便，活

图 2-3-13　阀件及部件安装

动机构的动作应灵活，制动和定位装置应可靠，法兰规格应与相邻风管相匹配。

### 2.3.4　送排风及防排烟设施安装

#### 1.　送排风及防排烟风机安装

（1）工作流程：风机及基础检查→风机安装→风机单机试运转

（2）操作方法：

1）检查风机的型号、规格应符合设计要求，风机基础应该是混凝土或钢架基础，多台风机基础应排列整齐。

2）整体风机安装直接吊装在基础上，风机外壳至墙壁或其他设备距离不应小于600mm，若排烟系统与通风系统共用风机需要设置减震装置，但不应使用橡胶减震垫。风机驱动装置的外露部位应设防护罩，直通大气的进、出风口，应装设防护网。排烟风机与风管连接时，不宜采用柔性连接。送风机的进风口与排烟风机的出风口应分开布置，当竖向布置时，送风机的进风口应设置在排烟出口的下方，两者边缘最小距离不应小于6.0m；水平布置时，两者边缘最小距离不应小于20m。送排风及防排烟风机安装效果如图2-3-14所示。

3）通风机安装完成，添加适度的润滑油，手动开启风机，检查风机运转方向正确后，在额定转速下试运转时间不应少于2h，运行应平稳、无异常振动与声响。

#### 2.　送排风及防排烟阀件及部件安装

（1）工作流程：阀件部件制作→阀件部件安装→阀件部件检查验收

（2）操作方法：

1）成品风阀及部件可以省略此步骤。防火风管的本体、框架与固定材料、密封垫料等必须采用不燃材料，其耐火极限应满足设计要求，同时，防火阀、排烟阀的制作还应符合现行国家标准《建筑通风和排烟系统用防火阀门》GB 15930的有关规定。

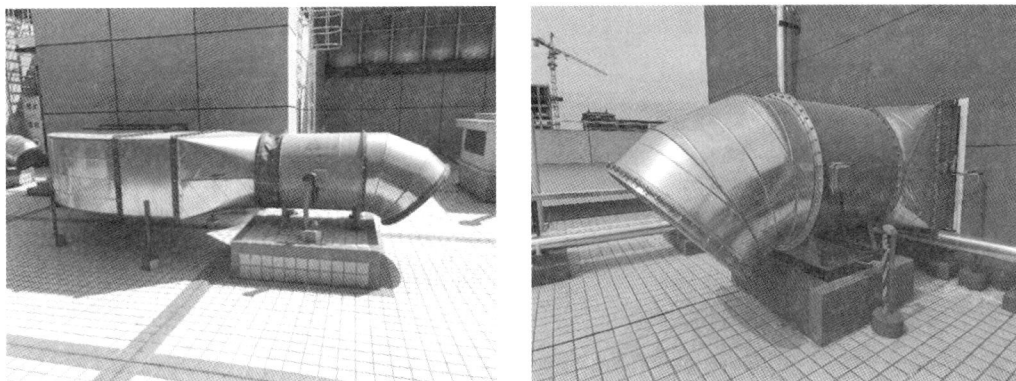

图 2-3-14　送排风及防排烟风机安装

2）排烟防火阀安装应设独立支吊架，阀门应顺气流方向关闭，防火分区隔墙两侧的排烟防火阀距离墙端面不应大于200mm。排烟口距可燃物或可燃构件的距离不应小于1.5m。防排烟系统的柔性短管必须采用不燃材料。阀件及部件安装效果如图2-3-15所示。

3）安装完毕检查阀门及风管部件活动机构的动作应灵活，制动的定位装置动作应可靠、阀门关闭应严密。

图 2-3-15　阀件及部件安装

## 2.3.5　防腐和绝热

### 1.　设备及管道防腐

（1）工作流程：除锈去污→油漆配置→油漆涂刷

（2）操作方法：

1）人工除锈具体操作方法，请参见本书2.2.5节相关内容，直至管道露出金属光泽。

2）油漆调配及稀释剂应根据设计要求及油漆出厂说明书的规定选择合适的稀释剂配方，并考虑季节因素调整稀释剂用量。油漆调配方法详见本书2.2.5节相关内容，注意油漆涂层不得遮盖设备、部件、阀门的铭牌标志和影响操作功能。

**2. 设备及管道绝热**

（1）工作流程：绝热层放样下料→绝热层安装→保护层安装

（2）操作方法：

1）测量设备、风管、弯头、阀门等的长度、厚度、凹凸、拐弯等尺寸，放样下料。风管、管道的绝热材料应采用不燃或难燃材料，其材质、密度、规格和厚度应符合设计及规范要求。

2）橡塑保温应先用橡塑填料将阀体等凹进部位粘贴填平，再将专用胶均匀涂刷在风管、阀体表面，然后将橡塑材料包裹在设备、风管、阀体外表面，防止接缝处不严密、开裂，可在接缝处粘贴一道5mm厚30mm宽的橡塑带加强密封。绝热层的纵横接缝应错开，矩形风管绝热层的纵缝宜在风管上部。在风管与支吊架之间设置绝热管托，管托内径与风管相匹配。

3）采用薄镀锌铁皮、不锈钢板、铝皮做保护层时，矩形保护壳表面应平整，棱角应规则，圆弧应均匀，底部与顶部不得有明显的凸肚及凹陷，保护壳纵横缝应顺水流方向设置，纵缝应设在侧面，搭接长度宜为20～25mm，并应有凸筋加强。管弯处，应采用虾米弯的方法下料、拼接，各虾米弯长度应平均分配，过渡自然，圆滑平顺。风管绝热层外表面应按照设计要求进行标识和色标。管道绝热安装效果如图2-3-16所示。

图 2-3-16 管道绝热安装

# 2.4 智能建筑工程工作流程

智能建筑工程工作流程如图2-4-1所示。

```
                    ┌──────────────┐
                    │   施工准备    │
                    └──────┬───────┘
                           ↓
                    ┌──────────────┐
                    │  主体结构预埋  │
                    └──────┬───────┘
                           ↓
                    ┌──────────────┐
                    │  二次结构预埋  │
                    └──────┬───────┘
                           ↓
                    ┌──────────────┐
                    │  检查、隐蔽验收 │
                    └──────┬───────┘
                           ↓
                    ┌──────────────┐
                    │  桥架、导管敷设 │
                    └──────┬───────┘
                           ↓
                    ┌──────────────┐
                    │   线缆敷设    │
                    └──────┬───────┘
      ┌────────────────────┼────────────────────┐
      ↓                    ↓                    ↓
┌──────────┐        ┌──────────────┐      ┌──────────────┐
│ 末端设备安装 │       │  机房设备安装  │      │ 弱电井设备安装 │
└────┬─────┘        └──────┬───────┘      └──────┬───────┘
     │                     ↓                    ↓
     │              ┌──────────────┐      ┌──────────────┐
     │              │  机房等电位联结 │      │ 弱电井等电位联结│
     │              └──────┬───────┘      └──────┬───────┘
     └────────────────────┼────────────────────┘
                           ↓
                    ┌──────────────┐
                    │  系统调试、检测 │
                    └──────┬───────┘
                           ↓
                    ┌──────────────┐
                    │   系统试运行   │
                    └──────┬───────┘
                           ↓
                    ┌──────────────┐
                    │ 智能工程分部验收│
                    └──────────────┘
```

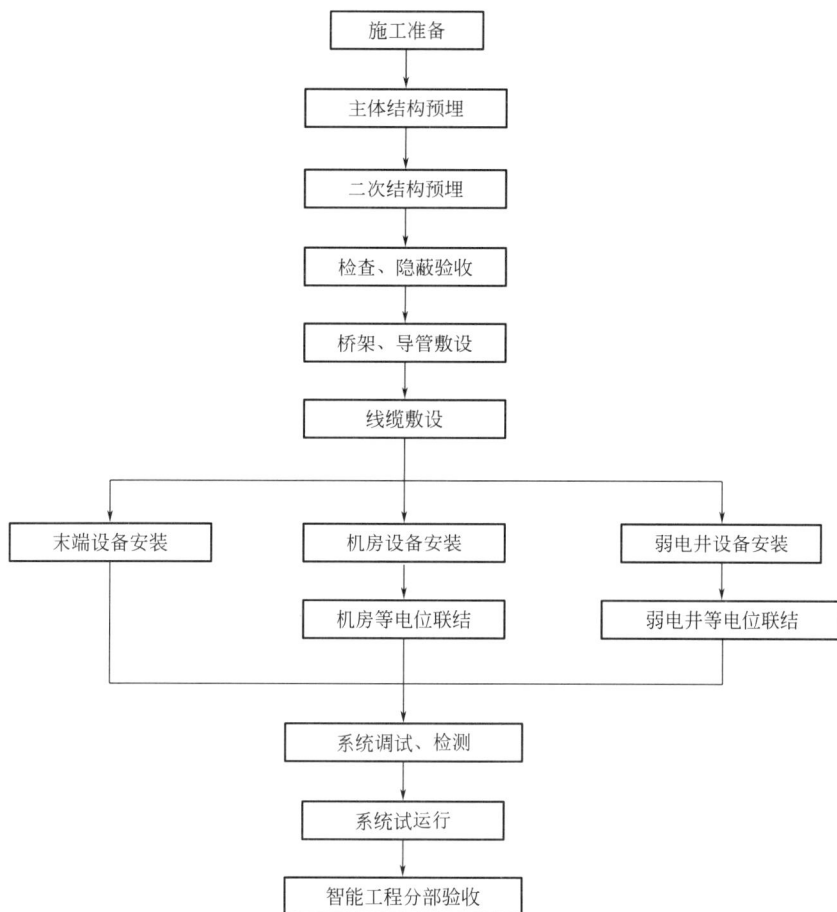

**图 2-4-1** 智能建筑工程工作流程

## 2.4.1 智能设备、机柜、机架安装

（1）工作流程：开箱检查→机柜、机架安装→智能设备安装

（2）操作方法：

1）开箱检查，在设备安装前应对进场设备的型号、品种、规格、数量均应按照设计文件和材料清单进行检查验收。

2）机柜、机架安装位置应符合设计要求，垂直偏差度不应大于3mm；机柜、机架上的各种零件不得脱落或碰坏，各种标识应完整、清晰；机柜、机架、配线设备箱体的安装应牢固，如有抗震要求，应按抗震设计进行加固；机架或机柜前面的净空不应小于800mm，后面的净空不应小于600mm。壁挂式配线设备底部离地面的高度不宜小于300mm。

3）智能设备排列布置，安装位置，设备朝向应符合设计要求；设备的安装必须牢固可靠，不得有松动脱落。如图2-4-2所示。

图 2-4-2 机柜安装实例图

## 2.4.2 梯架、托盘、槽盒安装

**梯架、托盘、槽盒安装**

（1）工作流程：测量定位→支吊架制作安装→梯架、托盘、槽盒安装→保护地线安装

（2）操作方法：

详见2.1.2节梯架、托盘、槽盒安装操作方法；在活动地板下敷设时，梯架、托盘、槽盒底部不宜紧贴地面；分层安装时，上下层之间距离不小于150mm，便于后期电缆敷设和检修；穿越防火墙或者防火楼板时，应采取防火封堵措施，对于设计有防火要求的，应采用有防火涂层的梯架、托盘、槽盒。如图2-4-3、图2-4-4所示。

## 2.4.3 导管、线缆敷设

### 1. 导管敷设

（1）工作流程：导管选择→导管管路的连接→导管的敷设→导管管路接地

（2）操作方法：

1）依据设计图纸选择导管，导管的管材、连接套管及其复检使用的原材料应符合国家现行标准的规定，产品应附有出厂合格证和检验报告。

图 2-4-3　桥架接地实例图

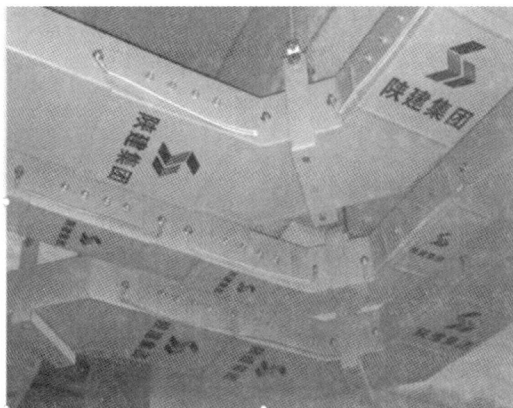

图 2-4-4　桥架安装实例图

2）导管管路连接处，连接管的管口应平整、光滑、无毛刺、无变形。

3）导管管路与其他管路间最小距离应符合规定套接紧定式钢导管管路垂直敷设时，固定点间距宜为 1.5 ~ 3m，长度每超过 30m 时，应增设固定导线用的拉线盒。

4）接地线应采用专业接地卡连接，不应熔焊连接。当钢导管管路中安装有需要接地保护的设备或器具时，钢导管管路内应加穿一根黄、绿相间色的专用保护线（PE），供设备或器具保护接地。

**2. 线缆敷设**

（1）工作流程：准备工作→缆线敷设→缆线终接→线缆性能测试→挂标识牌

（2）操作方法：

1）敷设缆线前，对所有布防线缆的规格、型号，以及是否符合设计要求等进行检查。

2）缆线的布放应自然平直，不得产生扭绞、打圈等现象，不应受外力的挤压和损伤；缆线应有余量以适应成端、终接、检测和变更，有特殊要求的应按设计要求预留长度，对绞电缆在终接处，预留长度在工作信息插座底盒内宜为 30 ~ 60mm，电信间宜为 0.5 ~ 2m，设备间宜为 3 ~ 5m。非屏蔽和屏蔽 4 对对绞电缆弯曲半径不应小于电缆外径的 4 倍；主干对绞电缆的弯曲半径不应小于电缆外径的 10 倍。

光缆敷设时应控制光缆的敷设张力，避免使光纤受到过度的外力（弯曲、侧压、牵拉、冲击等）。要求布放光缆的牵引力应不超过光缆允许张力的 80%，主要牵引力应加在光缆的加强构件上，光纤不应直接承受拉力。光缆的布放路由宜盘留，预留长度 3 ~ 5m。光缆在配线柜处预留长度 3 ~ 5m，楼层配线箱处光纤预留长度 1 ~ 1.5m，配线箱终接时预留长度不应小于 0.5m，光缆纤芯在配线模块处不做终接时，应保留光缆施工预留长度。2芯或4芯水平光缆的弯曲半径应大于25mm；其他芯数的水平光缆、主干光缆和室外光缆的弯曲半径不应小于光缆外径的10倍。

3）缆线终接前，应核对缆线标识内容是否正确；缆线终接处应牢固、接触良好，终接时，每对对绞线应保持扭绞状态，扭绞松开长度对于3类电缆不应大于75mm；对于5类电缆不应大于13mm；对于6类及以上类别的电缆不应大于6.4mm。对绞线与8位模块式通用插座相连时，应按色标和线对顺序进行卡接；4对对绞电缆与非RJ45模块终接时，应按线序号和组成的线对进行卡接；对不同的屏蔽对绞线或屏蔽电缆，屏蔽层应采用不同的端接方法，应使编织层或金属箔与汇流导线进行有效端接。

4）线缆施工完成后应进行电缆布线系统电气性能测试及光纤布线系统性能测试。

5）线缆两端应贴有标签，应标明编号、起始端位置，末端位置及系统名称，标签书写应清晰、端正和正确。如图2-4-5所示。

图 2-4-5　线缆布放实例图

### 2.4.4　末端设备安装

（1）工作流程：放线定位→探测器安装→消防广播和警报装置安装→控制设备安装→调试验收

（2）操作方法：

1）根据施工图纸设计要求的坐标点、标高、角度安装设备底座和吊挂件。要求定位准确、吊挂件安装牢固、造型美观。

2）探测器宜水平安装，当必须倾斜安装时，倾斜角不应大于45°。探测器的确认灯，应面向便于人员观察的主要出入口；探测器的底座应固定牢固，其导线连接必须可靠压接或焊接；火灾探测器至墙壁、梁边的水平距离不应小于0.5m，探测器周围0.5m内不应有遮挡物，探测器至空调送风口边的水平距离不应小于1.5m，至多孔送风口的水平距离不应小于0.5m。

3）消防广播扬声器和警报装置宜在报警区域内均匀安装；警报装置应安装在楼梯口、消防电梯前室、建筑内部拐角的明显部位，距地1.8m以上；警报装置与消防应急疏散指示标识不宜在同一面墙上，如必须安装在同一面墙上时，距离应大于1m。如图2-4-6所示。

4）火灾报警控制器、消防联动控制器等设备安装在墙上时，其底边距地（楼）面高度宜为1.3 ~ 1.5m，其靠近门轴的侧墙距墙不应小于0.5m，正面操作距离不应小于1.2m，落地安装时，其底边宜高出地（楼）面100 ~ 200mm。

5）设备安装完成后，组织技术人员、其他相关人员按设计文件、施工图纸及有关规程、规范进行现场调试验收。

图2-4-6　末端设备安装实例图

## 2.4.5　接地及防静电接地安装

（1）工作流程：等电位端子板安装→机房均压带安装→机房等电位接地→机房屏蔽接地→机房防静电接地→电涌保护器安装

（2）操作方法：

1）主体预埋阶段配合土建施工预留等电位接地端子板，端子板与建筑物总等电位端子板可靠连接，并与建筑物柱内、板内钢筋通过预留钢板可靠连接。

2）按照施工图纸设计要求确定好紫铜排的固定位置，铜排规格一般选用40mm×3mm；将紫铜排按照图纸设计要求敷设，在固定位置进行打孔，膨胀螺栓与铜排的接触面要做好不同材质的过渡处理，然后对铜排进行紧固处理；铜排之间的网格宜采用25mm²铜编织带或50mm×5mm铜箔。

3）机房内所有外漏可导电部分均需要做等电位连接，连接线采用6mm²的屏蔽铜线与机房内等电位网格连接；线槽、机柜外壳、设备外壳通过6mm²的屏蔽铜线连接到等电位网格，在采用铜线连接的过程中注意不同材质接触面的处理。总接地干线采用屏蔽电缆经滤波装置接至大楼接地网。

4）静电地板支架下用50mm×0.5mm或者100mm×0.25mm铜箔敷设成600mm×1200mm网格并与等电位网格连接。如图2-4-7所示。

5）电源连接导线用不小于16mm²多股铜线，接地线不小于25mm²多股铜线；连接线应尽量短、直、粗，接地电阻不大于4Ω；模块结构防雷器前段应串联熔断器或断路器；安装完毕前必须断开电源，严禁带电操作，连接导线必须符合要求；安装完成后将模块插入到位，检查工作是否正常。设备通信线的外屏蔽层应在馈线顶端靠近天线处以及接入设备的前端接地，接地线应就近连

图2-4-7　防静电地板实例图

接，采用线径不小于6mm²的铜芯导线；当馈线全部采用软跳线且总长度小于等于5m时，同轴软跳线的外屏蔽层可以只在接入设备的前段就近点接地。

## 2.5　电梯工程工作流程

电梯工程工作流程如图2-5-1所示。

### 2.5.1　机房设备、电缆槽盒、井道设施安装

#### 1. 机房设备

（1）工作流程：设备进场验收→承重梁安装→曳引机安装→限速器安装→控制柜安装

（2）操作方法：

1）设备进场验收时，应检查设备随机文件、设备零部件与装箱清单内容相符，设备外观无明显损坏。

2）承重钢梁安装前要除锈并刷防锈漆两道，钢梁埋入承重墙深度应超过墙中心20mm，且不应小于75mm。在钢梁与承重墙之间，垫一块面积稍大于钢梁接触

```
技术准备
物资准备          ┌──────┐
施工设施准备 ─────│施工准备│
作业条件准备      └──────┘
```

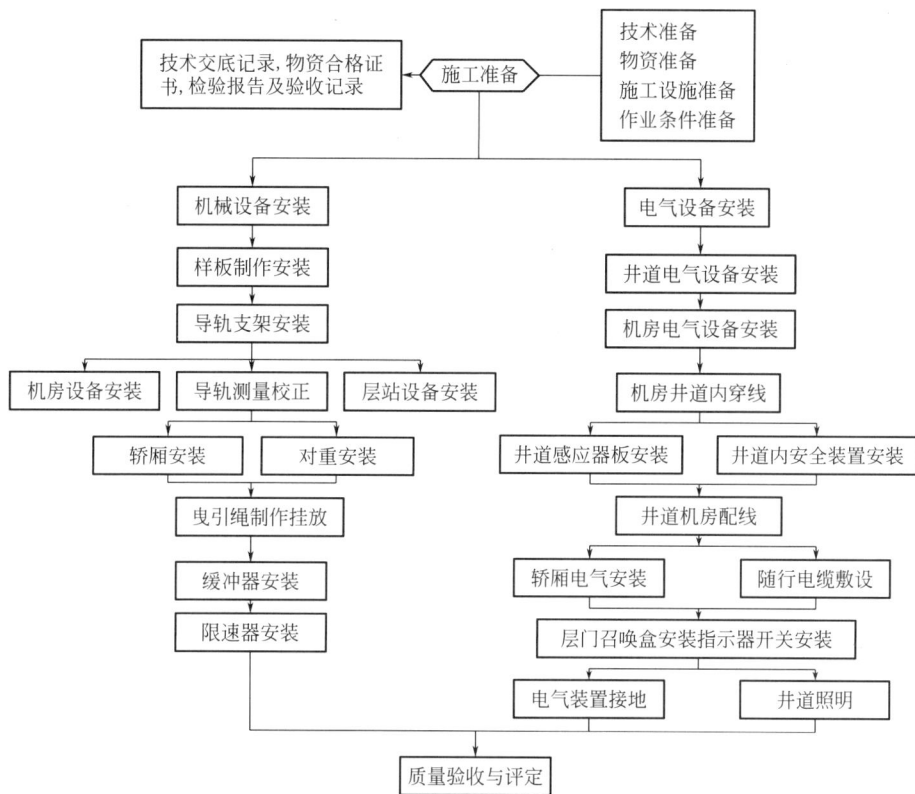

**图 2-5-1**　电梯工程工作流程

面的钢板，厚度大于等于16mm，并找平垫实，将找平找正后的承重钢梁和垫铁焊牢，用混凝土将墙洞灌实。

3）按图纸要求安装减震垫，吊装钢丝绳吊装曳引机。使曳引轮作用中心点对准轿轮中心点，导向轮作用中心点对准对重轮中心点，然后将底座固定。待曳引轮挂绳承重后，再检测曳引机水平度和曳引轮垂直度。

4）根据安装图所给坐标位置，由限速器轮槽中心向轿厢拉杆绳头中心吊一垂线，同时由限速器另一边绳槽中心直接向张紧轮相应的绳槽中心吊另一垂线。通过调整限速器位置，使两条垂线都指向相应位置。然后在机房楼板对应位置打膨胀螺栓，将限速器就位并进行调整。限速器就位后，绳孔要用穿钢导管固定，并要高出楼板50mm。找正后，钢丝绳和导管的内壁应有5mm以上间隙。限速器应标明与安全钳动作相应的旋转方向。

5）根据机房布置图及现场情况确定控制柜位置，维护侧与墙壁的距离不小于600mm，控制柜与设备的距离不宜小于500mm。电源配电箱要安装在机房门口附近，高度距地面1.3～1.5m。每台电梯的供电电源须专用开关单独供给，并要分设动力开关和轿厢、井道照明开关。如图2-5-2所示。

图 2-5-2 机房设备安装实例图

**2. 电缆槽盒**

（1）工作流程：支吊架安装→槽盒装→线缆敷设→接地

（2）操作方法：

1）槽盒支架安装间距宜为 1.5 ~ 3m，垂直安装的支架间距不应大于 2m。采用金属吊架固定时，圆钢直径不得小于 8mm，并应有防晃支架，在分支处或端部 300 ~ 500mm 处应有固定支架。

2）机房配线槽盒应尽量沿墙、梁或楼板下面敷设，应横平竖直，槽盒本体之间的连接应牢固可靠。水平段平直度偏差不大于 1.5mm/m，全长不大于 10mm，相邻段之间缝隙不应大于 2mm。

3）按布线图敷设导线。动力和控制线须单独敷设，若在同一线槽内，须加隔板。导线在线槽的垂直段，用绑带扎成束并固定在线槽底板上。控制柜压线前应将导线整理成束，排列整齐。导线压接要严实，不能有松脱、虚接现象。挂随行电缆，并根据中间接线盒和轿顶接线盒的实际位置、绑扎和接线余量，确定随行电缆长度。

4）槽盒与箱、盒连接处应有明显可靠的接地跨接线。如图 2-5-3 所示。

**3. 井道设施安装**

（1）工作流程：导轨支架定位→安装导轨支架→安装导轨→调整导轨→组装轿厢对重→安装钢丝绳→井道机械设备安装

（2）操作方法：

1）要按照图纸要求的导轨支架间距尺寸及安装导轨支架的垂线来确定导轨支架在井壁上的位置。在确定导轨支架位置的同时，还要考虑导轨连接板（接道板）与导轨支架不能相碰，错开的净距离不小于 30mm。

2）电梯可采用预埋铁及膨胀螺栓固定导轨支架；整个导轨支架不平度应

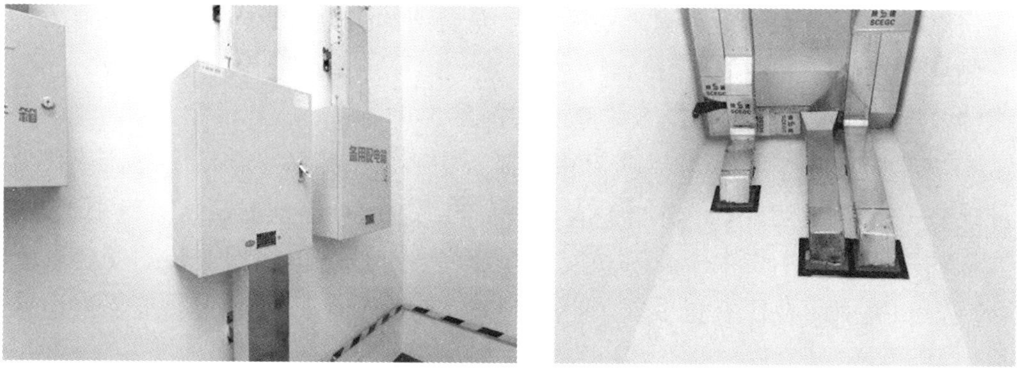

图 2-5-3 机房槽盒安装

不大于5mm；为保证导轨支架平面与导轨接触面严实，支架端面垂直误差小于0.05mm。

3）从样板上放基准线至底坑（基准线距导轨端面中心2～3mm），并进行固定。底坑架设导轨槽钢基础座，必须找平垫实，其水平误差不大于1‰，在顶层厅门口安装并固定一台0.5t的卷扬机，吊装导轨时要采用双钩钩住导轨连接板。

4）校验导轨基准线，用轨道尺自下而上或自上而下进行导轨调整。扭曲调整、中心位置调整和轨距调整必须同时进行。导轨中心位置调整，使其端面中心与基准线相对准，并保持放线时规定的间隙3mm。轨距调整的做法为，在导轨支架处及两支架中心处，用塞尺测量轨道尺与导轨端面间隙，调整使其偏差符合表2-5-1的要求。

导轨组装的允许偏差、尺寸要求和检验方法　　　　表 2-5-1

| 项次 | 项目 | | 偏差或尺寸要求（mm） | 检验方法 |
|---|---|---|---|---|
| 1 | 两导轨相对内表面间距离（全高） | 轿厢 | +1，0 | 用导轨检验尺、塞尺每2～3m检查一点 |
| | | 对重 | +2，0 | |
| 2 | 两导轨的相互偏差（全高） | | 1 | 基准线、尺量检查 |
| 3 | 导轨垂直度（每5m） | | 0.7 | 吊线、尺量检查 |
| 4 | 接头处 | 局部间隙 | 0.5 | 用塞尺检查 |
| | | 台阶 | 0.04 | 用钢板尺、塞尺检查 |
| | | 修光长度 | ≥300 | 尺量检查 |

5）在轿厢和对重组装完后可进行钢丝绳安装，根据轿厢绳头出口处至对重绳头出口处的长度$x$钢丝绳在锥体内的长度$y$和轿厢对重安装时垫起的高度$z$，确定钢丝绳长度$L=x+2y+2z$。检查钢丝绳应无死弯、锈蚀、断丝情况，在剎口两端绑扎

牢靠，然后用钢凿或砂轮切割机切断钢丝绳。钢丝绳自由悬垂消除内应力后，先做一侧绳头，挂好后再做另一侧绳头，将钢丝绳穿入锥体，松开绳股，除去麻芯。用汽油清洗绳股，按尺寸弯拉入锥套。如图2-5-4所示。

6）缓冲器安装，在轿厢（或对重）撞板中心放一线坠，移动缓冲器使其中心对准线坠，拧紧固定螺丝。轿厢（或对重）的两个缓冲器顶面高度差应小于2mm。活塞柱的垂直偏差不得大于1mm。安装限速绳、补偿链。根据安装图安装限速绳张紧装置和曳引绳补偿装置；安装电气开关。根据安装图尺寸安装上下强迫减速开关、上下限位开关和终端极限开关。

图 2-5-4　井道导轨安装实例图

## 2.5.2　电梯门、层门、地坎、轿厢等安装

### 1. 电梯门（层门、轿厢门）地坎安装

（1）工作流程：稳装地坎→安装调整门套→层门安装调整→安装门锁、门安全开关

（2）操作方法：

1）稳装地坎。根据厅门基准线和轿厢导轨位置确定地坎安装位置后，用M14膨胀螺栓在相应位置将钢制牛腿固定并稳装地坎。

2）安装调整门套。将上门套与两侧门套连接成整体后固定在层门口处，经调整后用钢筋将门套内筋与墙内钢筋焊接固定，注意钢筋要弯成弓形再焊接。

3）安装调整厅门。将门底导脚、门轮装在门扇上，然后将导脚放入地坎槽，门轮挂到门滑道上，用专用垫片调整后将滑轮架与门扇的连接螺栓紧固。

4）按图纸规定的位置安装门锁和门安全开关。调整后应达到：只有当两扇门达到关门要求后，才能使门锁电接点和门安全开关接通。当轿厢门与层门联动时，钩锁应无脱钩及夹刀现象。门扇安装完后，应将强迫关门装置装上，使层门处于关闭状态。如图2-5-5所示。

图 2-5-5 地坎、电梯门安装实例图

### 2. 轿厢安装

（1）工作流程：准备工作→安装轿厢梁柱→安装轿厢底盘→安装导靴→安装轿壁→安装轿顶装置

（2）操作方法：

1）在顶层门口对面井壁上安装两个角钢托架（100mm×100mm角钢，用3个M16膨胀螺栓固定），在厅门口横放一根木方，在木方和角钢托架上架设两根200mm×200mm的木方，调整水平后固定。在机房承重梁上横向固定一根φ50圆钢，并通过中心绳孔下挂一个3t捯链。

2）用捯链将底梁放在架设好的木方上，调整安全钳口与导轨面间隙，并调整底梁水平。安装安全钳楔块，四个楔块距导轨侧面间隙应一致；将立柱与底梁连接。调整立柱垂直度，在整个高度上立柱垂直度≤1.5mm；用捯链将上梁吊起与立柱连接。调整上梁的横纵向水平度，使不平度≤1/2000，同时再次校正立柱垂直度。

3）用捯链将轿厢底盘吊起，放于相应位置，用螺栓与立柱、底梁连接（先不拧紧）。装斜拉杆，调整底盘水平后拧紧螺栓。

4）安装调整安全钳拉杆，通过模拟动作试验，保证左右安全钳拉杆动作同步、灵活，安全钳楔块与导轨不相互摩擦或误动作；安装导靴时要求上下导靴中心与安全钳中心三点在同一垂线上，导靴间隙一致，内衬与导轨侧间隙为0.5～1.0mm。

5）在层门口将单块轿壁组装成几大块，再用螺栓与轿厢底盘初步固定。轿壁安装完后安装轿顶和轿门。调整轿壁垂直度偏差不大于1/1000，逐个将螺钉紧固。

6）根据厂家安装图安装轿顶接线盒、开关、开门机构、感应器、电扇、灯具、护栏、护脚板等装置。

### 2.5.3 电梯选层器、传感器、指示灯、按钮、操控盘等安装

（1）工作流程：选层器安装→电梯井道、轿厢传感器安装→指示灯、按钮、操控盘安装

（2）操作方法：

1）选层器的安装要牢固，其垂直偏差不应大于1mm；安装位置应方便使用，而且便于维修检查。

2）传感器安装牢固可靠、垂直、平整偏差不宜大于1mm；应能上下左右调整，调整后必须可靠联锁，不得松动。安装位置符合图纸要求，配合间隙按产品说明进行调整。

3）指示灯、按钮、操纵盘安装：指示灯盒、按钮盒、操纵盘安装应横平竖直，其误差应不大于4‰。指示灯盒中心与门中心线偏差不大于5mm。指示灯、按钮、操纵盘的面板应盖平，遮光罩良好，不应有漏光和串光现象。按钮及开关应灵活可靠，不应有阻塞现象。

### 2.5.4 自动扶梯（人行步道）梯级、梳齿板、围裙板、扶手等安装

#### 1. 自动扶梯（人行步道）梯级、梳齿板的安装

（1）工作流程：梯级链、梯级导轨安装→梯级安装→梳齿板安装

（2）操作方法：

1）自动扶梯、自动人行道轨道安装是整机系统的关键项目，决定了扶梯运行的舒适感，必须对轨道的中心距离，轨道节头的处理要特别仔细认真，一定要达到规范要求。

将梯级链在下层站组装在一起，移去桁架上的基准线，连接两相邻链节时应在外侧链节上进行，应注意组装顺序：梯级链分段运到现场，应在现场连在一起；连接时在下层站进行。

2）应先预装每台扶梯的主梯级，以便使梳齿片与梯级之间的间隙正确。梯级间或踏板间的间隙在工作区段的任何位置。从踏面测得的两个相邻梯级或两个踏板之间的间隙不应超过6mm。从下层站开始，安装梯级总数的45%，在下层站根据梳齿片对梯级进行调节。将梯级放到梯级链的轴上，将弹簧压销与轴颈上的孔对中，一直听到咔嗒一声即可。梯级通过梳齿片时应居中，使梯级通过时无卡阻现象。梯级路面：踏板表面应具有槽深大于10mm，槽宽为5～7mm，齿顶宽为2.5～5mm的等节距的齿形，且齿条方向与运行方向一致。

3）为确保乘客上下扶梯的安全，必须在自动扶梯的进出口处设置梳齿板。梳齿板梳齿与胶带齿槽、踏板齿槽的间隙不应超4mm。

**2. 自动扶梯（人行步道）围裙板安装**

（1）工作流程：围裙板安装→内外盖板安装→防护玻璃安装→金属护壁安装→扶手护壁型材安装

（2）操作方法：

1）围裙板应垂直，围裙板上缘与梯级、踏板或胶带踏面之间的垂直距离不应小于25mm。围裙板应坚固、平滑，且是对接缝的。长距离的自动人行道跨越建筑伸缩缝部位的围裙板接缝可采用特殊方法替代对接缝。安装底部护板应按照先上后下的搭接顺序进行，以免机内油污渗漏到底部护板下面，污染室内物件。

2）内外盖板安装，连接围裙板和护壁的盖板，盖板和护壁板与水平面的倾斜角不应小于25°。

3）防护玻璃板安装时，在玻璃夹紧型材中均匀地放置玻璃夹衬，然后将玻璃板放置其中，注意保持两相邻玻璃板的间隙一致，玻璃板应竖直，并与夹紧型材垂直。确认位置正确后，用力矩扳手拧紧夹紧座上的螺栓，注意用力不能过猛以免损坏玻璃。玻璃的厚度不应小于6mm，该玻璃应当是有足够强度和刚度的钢化玻璃。

4）朝向梯级踏板和胶带一侧的扶手装置部分应是光滑的。压条或镶条的装设方向与运行方向不一致时，其凹凸高度不应超过3mm，且应坚固和具有圆角或倒角的边缘。此类压条或镶条不允许装设在围裙板上。护壁板之间的空隙不应大于4mm，其边缘应呈圆角和倒角状。

5）预先在护壁玻璃板的端面和粘贴衬垫护壁型材的U形橡胶带。将各段型材按图安装在护壁玻璃板上，安装顺序为：下部端头型材、下部型材、下部曲线段型材、中间段型材、上部端头型材、上部型材、上部曲线段型材、补偿段型材。用型材连接件平整地对接相邻的型材。

**3. 自动扶梯（人行步道）扶手安装**

（1）工作流程：扶手带导轨型材安装→扶手导轨安装→扶手带安装

（2）操作方法：

1）安装上部和下部回转链，保证回转链不扭曲，滚轮应能灵活转动。各段导轨型材安装顺序为：下部曲线段型材；下部扶手带导轨型材；中间段导轨型材；上部导轨型材；上部曲线段型材；上部扶手带水平段导轨型材、补偿段型材。用压板螺栓固定导轨型材。

2）校核每个扶手导滚与桁架中心线（基准线）的距离，使其符合图纸要求的尺寸。扶手导滚位置应成一直线，以免损坏扶手。如图2-5-6、图2-5-7所示。

3）展开扶手带并将扶手带放到梯级上。用专用工具将扶手带安装在驱动段护壁的端部，确保扶手带不滑脱。将返程区域内的扶手带放置到位，防止扶手带从支撑轮、导向轮等部件上滑脱。将扶手带安装在张紧段护壁的端部。自上而下地将扶手带安装在扶手带导轨型材上。通过压带弹簧上的螺栓调整弹簧张紧度，调整并张紧压带。通过张紧轮组件上的调节弹簧对扶手带进行初步张紧。扶手带与护壁边缘之间的距离不应超过50mm。扶手带距梯级前缘或踏板面或胶带面之间的垂直距离不应小于0.9m，且不大于1.1m。

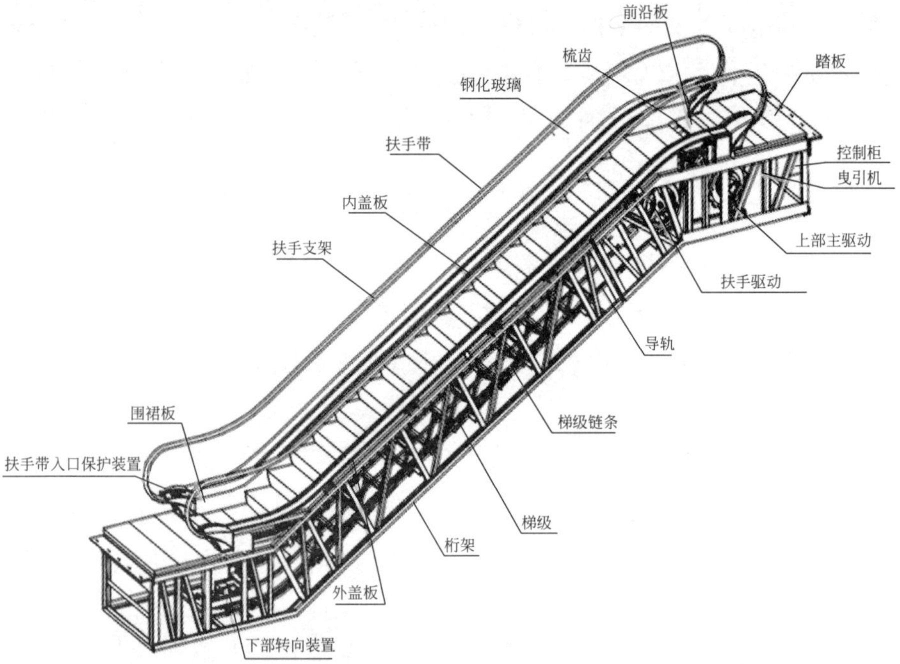

图 2-5-6　自动扶梯结构图

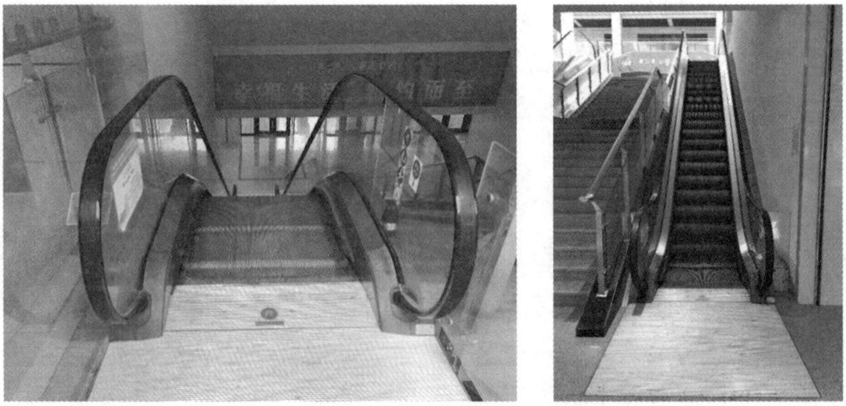

图 2-5-7　自动扶梯结构实物图

## 2.5.5 接地系统安装

（1）工作流程：接地端子板预埋→局部等电位端子箱安装→接地系统敷设

（2）操作方法：

1）主体阶段配合土建施工在电梯井道距地1.5m处，距顶部0.5m处，机房距地0.5m处，分别对角埋设150mm×150mm×10mm镀锌钢板，预埋件与建筑物柱内钢筋、板内钢筋可靠连接。

2）在基坑底部和电梯机房分别安装局部等电位端子箱，等电位端子箱安装采用40mm×4mm镀锌扁钢预埋镀锌钢板可靠连接。

3）井道内采用25mm×4mm镀锌扁钢或BVR-4mm$^2$分别连接金属轨道，以实现轿厢和金属件的等电位联结，采用异形钢构件抱箍连接或焊接。电梯机房内采用40mm×4mm镀锌扁钢距地0.3m做环形基地网，接地网和局部等电位端子箱可靠连接。敷设位置应便于检查，不应妨碍设备的拆卸、检修和运行巡视；当沿建筑物墙壁水平敷设时，与建筑物墙壁间的间隙宜为10~20mm；接地干线全长度或区间段及每个连接部位附近的表面，应涂15~100mm宽度相等的黄色和绿色相间的条纹标识。机房内配电箱、金属槽盒、设备金属外壳、建筑物金属构件均应使用BVR-6mm$^2$与接地网进行联结。如图2-5-8、图2-5-9所示。

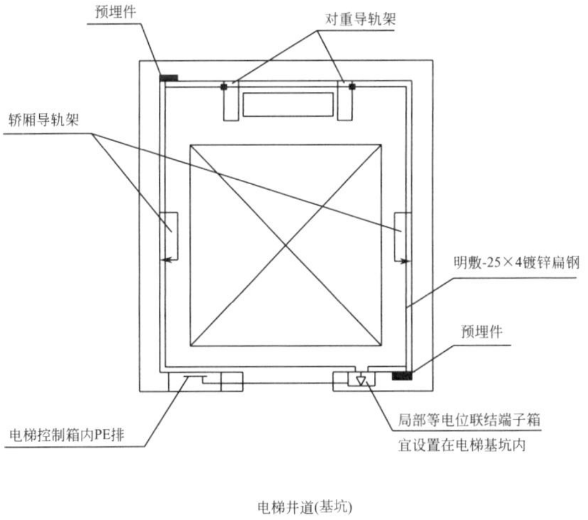

图 2-5-8 电梯井道接地示意图

图 2-5-9 电梯机房接地实物图

提升篇

# 第三章　电气工程难点与解析

## 3.1　变配电设备安装

### 3.1.1　干式变压器安装

◎**工艺难点**：变压器外壳、支架、基础槽钢没有单独与保护导体连接，存在串联现象。

### 解析

1.认为都是接地线，只要连接可靠，可以连在一起，不影响使用功能。2.认为接地线引至变压器基础槽钢后，再接至外壳、中性点是最近路径，还可以节约材料。

### 正确做法

1.变压器箱体、干式变压器的支架、基础槽钢及外壳应分别单独与保护导体可靠连接，紧固件及防松零件齐全。

2. 500kVA以下的变压器接地线宜采用40mm×4mm镀锌扁钢，630kVA～1250kVA的变压器接地线宜采用50mm×5mm镀锌扁钢，2000kVA以上的变压器接地线宜采用100mm×5mm镀锌扁钢。3.镀锌扁钢搭接长度不小于扁钢宽度的2倍，三面施焊，涂刷黄绿相间面漆。4.变压器中性点的接地方式应符合设计要求。正确做法如图3-1-1所示。

### 3.1.2　高低压配电柜安装

◎**工艺难点1**：配电间隔和静止补偿装置栅栏门未采用裸编织铜线与保护导体可靠连接，或虽然连接但截面积小于4mm²。

### 解析

1.施工时存在遗漏。2.认为采用小于4mm²裸编织铜线与保护导体可靠连接，也可以达到同样功能，还可以节约材料。

## 正确做法

1.配电间隔和静止补偿装置栅栏门应采用裸编织铜线与保护导体可靠连接，其截面积不应小于4mm²。2.在连接处做好接地标识。正确做法如图3-1-2所示。

图 3-1-1　干式变压器安装

图 3-1-2　高低压配电柜安装

◎**工艺难点2：** 高低压配电柜的低压输出回路未做标记或标识不清晰、回路名称不准确，错误做法如图3-1-3所示。

## 解析

1.施工时存在遗漏、疏忽。2.未考虑后期维修是否方便。3.为了省时省力，压缩成本。

## 正确做法

1.箱式变电所的高压和低压配电柜内部接线应完整、低压输出回路标记应清晰，回路名称应准确。2.施工时各回路线缆敷设应做好标识，接线时再次校准，回路名称标记清晰准确。正确做法如图3-1-4所示。

◎**工艺难点3：** 高低压配电柜与基础槽钢采用焊接方式，未应用镀锌螺栓连接、防松零件不齐全。

## 解析

1.施工时存在遗漏、错误。2.为方便施工，认为只要固定好便可，未考虑后期

图 3-1-3　配电柜安装缺少回路标识

图 3-1-4　配电柜安装回路标识齐全

维修时的拆装。

## 正确做法

1.柜、台、箱相互间或与基础槽钢间应用镀锌螺栓连接，且防松零件齐全。2.镀锌螺栓应配有弹簧垫圈、平垫片。

◎**工艺难点4：室外安装的落地式配电柜的基础低于地面，周围未设置排水设施。**

## 解析

1.实际应用中，未考虑暴雨或积水严重情况下，落地式配电柜被水淹没的风险。2.考虑到配电柜周围排水，但未正确设置排水设施。

## 正确做法

1.室外安装的落地式配电（控制）柜、箱的基础应高于地坪200mm以上，周围排水应畅通，其底座周围应采取封闭措施。2.落地式配电柜安装前，用混凝土或者砖砌配电柜基础底座，确保底座高于地坪后安装落地式配电柜。3.基础底座周围可以设置一周挡水台，防止进水。

### 3.1.3　柴油发电机组安装

◎**工艺难点1：柴油发电机馈电线路连接后，两端的相序与原供电系统的相序不一致。**

## 解析

施工作业人员对原理不清楚，施工过程中未正确连接相序。

## 正确做法

1.柴油发电机馈电线路连接后，两端的相序应与原供电系统的相序一致。2.利用电动机法、相序表法、自制不动相序指示器、电压互感器等方法测定相序，若与原供电系统相序不一致，必须进行调整。正确做法如图3-1-5、图3-1-6所示。

图3-1-5 柴油发电机组安装

图3-1-6 柴油发电机组接线

◎**工艺难点2：柴油发电机组运行时，排烟管、消声器、外接管存在剧烈震动、摇晃、噪声大等现象。**

## 解析

1.柴油发电机组与基础之间未采取减震措施。2.外接管与柴油发电机组采取硬连接，不能有效阻止震动和噪声的传播。

## 正确做法

1.严格执行国家建筑标准设计图集《柴油发电机组设计与安装》15202-2的相关规定。2.柴油发电机组与基础之间可采用弹簧减震器、垫板式减震器、锥形基础减震器等方法减小发电机运行过程中的震动。3.排烟管、消声器固定可靠，排烟管与发电机本体连接处可采用柔性波纹管连接，机组排风口与导风筒之间可采用柔性软接布连接，用来降低噪声和震动。

◎**工艺难点3**：柴油发电机本体和机械部分的外露可导电部分未单独与保护导体可靠连接。

📚**解 析**

1.常见错误做法将发电机外壳与槽钢基础连接，形成接地串联，违反强条规范。2.未考虑柴油发电机本体和设备基础间采用橡胶材质的垫板减震器，属于绝缘材质。错误做法如图3-1-7所示。

👆**正确做法**

1.严格执行《建筑电气工程施工质量验收规范》GB 50303—2015中7.1.6条的规定：发电机本体和机械部分的外露可导电部分应分别与保护导体可靠连接，并应有标识。2.利用不小于16mm²黄绿双色铜线做接地线，将本体、外露可导电部分分别与接地扁钢进行跨接。正确做法如图3-1-8所示。

图 3-1-7　发电机组串联接地

图 3-1-8　发电机组串联接地

## 3.1.4　总等电位箱安装

◎**工艺难点**：变电室或变压器室内设置的环形接地母线与总等电位箱连接时，接地装置引至总等电位箱的接地线只有一根，错误做法如图3-1-9所示。

📚**解 析**

1.误认为总等电位箱只要与接地线连接可靠即可，不影响使用。2.认为可节约材料。

## 正确做法

1.严格执行《电气装置安装工程接地装置施工及验收规范》GB 50169—2016的相关条文。2.变电室或变压器室内设置的环形接地母线与总等电位箱连接时，接地线不少于2根。3.采用螺栓连接时，螺栓、垫圈、螺母等应为热镀锌制品，且连接牢固。焊接连接时，应符合《建筑电气工程施工质量验收规范》GB 50303—2015中22.2.2条的规定。4.总等电位箱，必须做明显的接地标识，接地扁铁采用黄绿相间色标，并做好接地标识。正确做法如图3-1-10所示。

图 3-1-9　总等电位箱缺少一根接地线

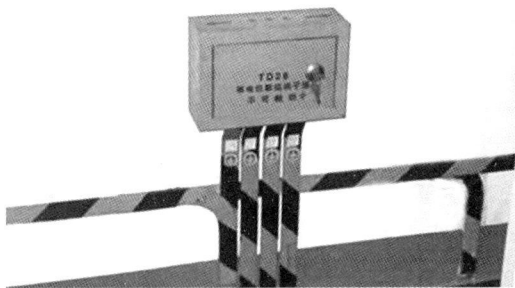

图 3-1-10　总等电位箱安装

### 3.1.5　配电室地沟安装

◎**工艺难点1：**配电室地沟内金属臂式支架，未通长敷设接地线，或者有接地线，但是两端未和接地网进行贯通。

## 解 析

配电室地沟内金属支架缺少接地，或接地未刷黄绿相间色。错误做法如图3-1-11所示。

## 正确做法

1.严格执行电缆敷设国家建筑标准设计图集《110kV及以下电缆敷设》12D101-5相关做法。2.利用不小于$\phi$10的热镀锌圆钢（或40mm×4mm镀锌扁钢）与金属支架通长敷设，两端与接地网搭接焊，符合《建筑电气工程施工质量验收规范》GB 50303—2015中22.2.2条的规定。3.当敷设35kV电缆时，支架层间距为300mm，当敷设控制电缆时，支架层间距为150mm，控制电缆敷设在电力电缆下层。正确做法如图3-1-12所示。

图3-1-11 金属支架接地未刷黄绿相间色

图3-1-12 配电室地沟支架安装及接地

◎**工艺难点2：**配电室地沟内支架间距过大或者转角段、分支段、交叉段无支架，电缆敷设产生拖地现象，如图3-1-13所示。

## 解析

1.未参考相关标准图集施工。2.支架位置设置不合理、支架数量偏少，造成电缆敷设后出现拖地现象。

## 正确做法

严格执行电缆敷设的国家建筑标准设计图集《110kV及以下电缆敷设》12D101—5相关做法，转角段、分支段、交叉段增设支架，水平段间距按照设计要求施工，正确做法如图3-1-14所示。

图3-1-13 配电室地沟内缺少支架

图3-1-14 配电室地沟内支架安装

## 3.1.6　暗装配电箱安装

◎**工艺难点1：** 砌体墙上暗装配电箱进线处部分导管未引入配电箱，导线入箱处缺少保护导管，错误做法如图3-1-15所示。

### 解析

1.技术交底不到位，质量监管不到位。2.操作工人对规范理解不到位，随意操作。

### 正确做法

1.根据施工图纸，确定配电箱安装高度及位置。2.根据配电箱尺寸，土建专业在排砖砌筑时预留洞口。3.配电箱安装前，根据电气施工图纸对砌体墙上的竖向管线划线定位并在砌体上切割开槽。4.导管垂直引入箱体，一管一孔，锁母连接，导管露出锁母2～3扣丝。正确做法如图3-1-16所示。

图 3-1-15　暗装配电箱导管未引入箱体

图 3-1-16　暗装配电箱安装

◎**工艺难点2：** 配电箱汇流排的同一接线端子上连接两根以上导线，错误做法如图3-1-17所示。

### 解析

1.在配电箱加工订货时，未向厂家明确提出汇流排端子的孔径大小和数量要求。配电箱厂家则按照传统加工，接地端子排长度偏小，接地螺栓数量不够，导致同一端子压多根导线。

### 正确做法

1.加强配电箱委托加工前的技术交底，接地汇流排的接线端子预留一定的余量。2.加强过程控制，实行样板交底，做好成品保护工作。3.箱（盘）内宜分别设置中性导体（N）和保护接地导体（PE）汇流排，汇流排上同一端子不应连接不同回路的N或PE。正确做法如图3-1-18所示。

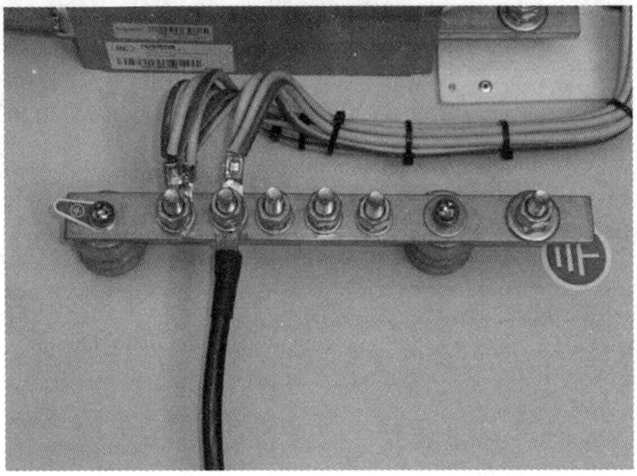

图 3-1-17　同一个端子压两根以上接地线

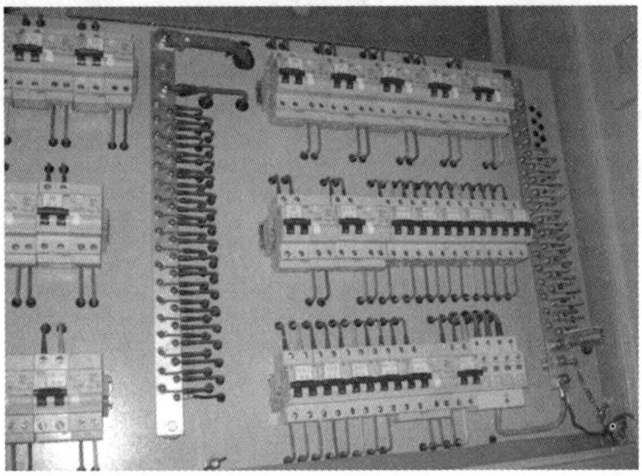

图 3-1-18　配电箱接线正确

◎**工艺难点3**：成套配电箱安装时，对于装有电器的可开启门，门和金属框架的接线端子间未做跨接接地和标识。错误做法如图3-1-19所示。

### 解 析

1.配电箱加工制作时，采用铜编织带或线径不足$4mm^2$黄绿色软铜线。2.在厂家供货不满足规范要求时，操作工人未按照规范要求进行重新调整。

### 正确做法

1.对于装有电器的可开启门，门和金属框架的接地端子间应选用截面积不小于$4mm^2$的黄绿绝缘软铜芯软导线连接，并应有接地标识。2.导线与接地端子连接时，应拧紧螺母，并应采取防松动措施。正确做法如图3-1-20所示。

### 3.1.7　明装配电箱安装

◎**工艺难点1**：明装配电箱与金属桥架连接处未做护口处理，错误做法如图3-1-21所示。

图 3-1-19　有元器件的门的接线端子缺少接地

图 3-1-20　配电箱门的接线端子接地可靠

## 解析

1.操作人员考虑不周，配电箱与金属桥架连接处如若不做处理，电线电缆敷设时，绝缘层很容易被孔洞四周的毛刺割破或削薄，引发漏电或短路事故。2.技术交底不到位，现场检查不仔细，操作工人未对此做护口处理。

## 正确做法

1.为防止电缆敷设时受损，在桥架与配电箱连接处、配电箱箱体上开孔部位安装U型橡胶包边条。2.使用电气桥架同等材料制作连接件，连接件由若干固定板构成矩形结构，固定板的上部设置外折边的保护板，形成光滑的圆弧，桥架内电线电缆进入配电箱时，与保护装置的圆弧外折边保护板接触，可使电线电缆不受损坏，保证了电线电缆的完整性和电气安全性。正确做法如图3-1-22所示。

图 3-1-21　桥架进配电箱缺少护口

图 3-1-22　桥架进配电箱护口齐全

◎**工艺难点2：**明装配电箱与单根或多根金属导管连接处，未作接地跨接，错误做法如图3-1-23所示。

### 解析

1.技术交底不到位，操作人员未彻底掌握规范做法。2.操作人员错误的认为配电箱和金属管道均为金属材质，已建立电气导通性。

### 正确做法

1.导管与箱体之间用锁母固定，一管一孔，排列整齐。金属导管接地跨接线引到箱内接地母排上。2.多根金属导管的接地跨接导线长度、位置、接地卡朝向统一。3.导管支架间距均匀、成排成线。正确做法如图3-1-24所示。

图 3-1-23　明装配电箱金属导管缺接地线

图 3-1-24　明装配电箱金属导管连接接地线

◎**工艺难点3：**配电箱内同一电器元件端子上的导线连接根数超过2根，错误做法如图3-1-25所示。

### 解析

1.配电箱加工时考虑不周，或安装后变更增加回路数量，导致同一端子压接多根导线。2.操作人员失误，将其他回路中的导线共同压接在同一端子上。

### 正确做法

1.图纸会审时，仔细审图，明确提出回路数量，并留有备用回路。2.严格执行《建筑电气工程施工质量验收规范》GB 50303—2015中5.1.12条的规定：垫圈下螺钉两侧压的导线截面积应相同，同一电器元件端子上的导线不应多于2根，防松垫圈等零件应齐全。3.将多根导线压进同一个线鼻子，搪锡后，接入电器元件端子。正确做法如图3-1-26所示。

图 3-1-25 配电箱接线错误

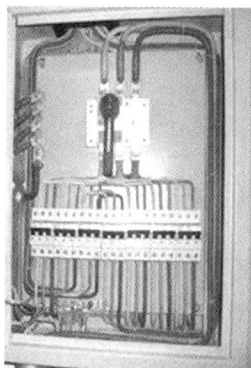

图 3-1-26 配电箱接线正确

## 3.1.8 不间断电源安装

◎**工艺难点1：** UPS 或 EPS 的外露可导电部分未可靠接地。

### 解析

1.误认为 UPS 或 EPS 类似于弱电，不需要做接地。2.技术交底不到位，现场检查不仔细，操作工人细节处理不够。

### 正确做法

1.UPS 或 EPS 的外露可导电部分应与保护导体可靠连接，并应有标识。2.采用不小于 4mm² 黄绿色铜芯软导线做接地跨接，就近引至接地干线。

◎**工艺难点2：** 引入或引出 UPS 或 EPS 的绝缘导线、电缆的屏蔽护套未做接地连接。

### 解析

1.认为绝缘导线、电缆的屏蔽护套不需要做接地处理。2.未考虑到设备运行中，电缆通电时产生的电磁干扰。3.操作工人细节处理不够，存在遗漏。

### 正确做法

1.引入或引出 UPS 或 EPS 的绝缘导线、电缆的屏蔽护套接地应连接可靠、紧固件齐全，与接地干线应就近连接。2.采用不小于 4mm² 黄绿色铜芯软导线做接地跨接，就近与接地干线可靠跨接。

◎**工艺难点3：** 引入或引出UPS、EPS的主回路绝缘导线、电缆和控制绝缘导线、电缆共管敷设。

**解 析**

1.误认为主回路绝缘导线、电缆及控制绝缘导线、电缆都带有橡胶绝缘护套，不会产生相互干扰。2.认为共管敷设可以方便施工，节省材料。

**正确做法**

1.引入或引出UPS或EPS的主回路绝缘导线、电缆和控制绝缘导线、电缆应分别穿钢导管保护。2.当在电缆支架上或在梯架、托盘和线槽内平行敷设时，其分隔间距应符合设计要求。

# 3.2 梯架、托盘、槽盒安装

## 3.2.1 金属梯架、托盘、槽盒安装

◎**工艺难点1：** 金属梯架、托盘和槽盒缺少接地或接地不规范。

**解 析**

对建筑电气工程施工规范了解不透彻，技术交底不到位，执行中出现偏差。

**正确做法**

1.金属梯架、托盘和槽盒全长不大于30m时，不应少于2处与保护导体可靠连接。金属梯架、托盘和槽盒全长大于30m时，每隔20～30m应增加一个连接点，起始端和终点端均应可靠接地。2.非镀锌金属梯架、托盘、槽盒两个标准节之间，采用不小于4mm²黄绿色铜芯软导线做接地跨接。3.镀锌桥架间连接板的两端不跨接接地线，但连接板两端不少于2个有防松螺母或防松垫圈的连接固定螺栓。正确做法如图3-2-1和图3-2-2所示。

◎**工艺难点2：** 金属梯架、托盘和槽盒直线段全长超过30m（铝合金或玻璃钢桥架全长超过15m）未设置伸缩节。

图 3-2-1　金属梯架、托盘和槽盒接地

图 3-2-2　金属梯架、托盘和槽盒跨接地线

## 解 析

未考虑因环境温度变化而引起的膨胀或收缩，较大的膨胀力或收缩力可能破坏梯架、托盘和槽盒的整体性。

## 正确做法

1.当直线段钢制梯架、托盘和槽盒长度超过30m，梯架、托盘和槽盒长度超过15m时，应设置伸缩节。2.伸缩节固定螺栓应紧固无遗漏，螺母应位于梯架、托盘和槽盒外侧，防止导线或电缆敷设时受损伤。3.伸缩节两端采用不小于$4mm^2$黄绿色铜芯软导线跨接，跨接在桥架连接处两端专用跨接的螺栓孔，保证梯架、托盘和槽盒良好电气连续性。正确做法如图3-2-3、图3-2-4所示。

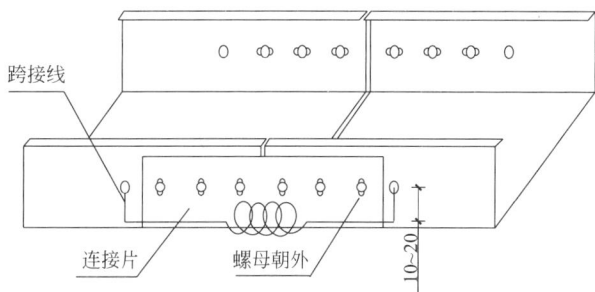

图 3-2-3　伸缩节接地做法示意图

图 3-2-4　伸缩节接地做法

◎**工艺难点3**：铝合金梯架、托盘和槽盒与钢支架固定时，未采取防电化学腐蚀措施。

## 解析

未考虑铝合金材质和钢材存在电化学腐蚀，长时间腐蚀会造成损坏。

## 正确做法

1.严格执行《建筑电气工程施工质量验收规范》GB 50303—2015中11.2.2条的规定：当铝合金梯架、托盘和槽盒与钢支架固定时，应有相互绝缘的防电化学腐蚀措施。2.可在铝合金梯架、托盘和槽盒与钢支架之间涂刷绝缘层或增加橡胶垫片，防止电化学腐蚀。

◎**工艺难点4**：敷设在电气竖井内穿楼板处和穿越不同防火分区的梯架、托盘和槽盒，未采取防火封堵措施，错误做法如图3-2-5所示。

## 解析

火灾发生时，如果梯架、托盘和槽盒穿墙、穿越楼板处缺少防火封堵，或防火封堵不严密，火势将因此而蔓延，造成更大的损失。

## 正确做法

1.敷设在电气竖井内穿楼板处和穿越不同防火分区的梯架、托盘和槽盒，应有防火封堵措施。2.梯架、托盘和槽盒在电气竖井内穿楼板处制作挡水台，挡水台内填充防火胶泥、阻火包等防火材料，填充应密实。3.梯架、托盘和槽盒在穿越不同防火分区处墙体内填充防火胶泥、阻火包等防火材料，填充应密实。4.外壳可导电部分与接地母线可靠连接。正确做法如图3-2-6所示。

图3-2-5　穿楼板缺少防火封堵

图3-2-6　槽盒防火封堵严密

◎**工艺难点5**：敷设在电气竖井内的电缆梯架或托盘，支架间距过大，未安装承重支架。

## 解析

1.固定支架错误安装于固定电缆的横担上。2.未考虑到电缆敷设后的重量，会造成支架受力过大而松动，甚至掉落。

## 正确做法

1.敷设在电气竖井内的电缆梯架或托盘，其固定支架不应安装在固定电缆的横担上，且每隔3～5层应设置承重支架。2.水平安装的支架间距宜为1.5～3.0m，垂直安装的支架间距不应大于2m。3.外壳可导电部分与接地母线连接良好。正确做法如图3-2-7所示。

图3-2-7　竖井内的电缆梯架、托盘安装

◎**工艺难点6**：梯架、托盘和槽盒采用金属吊架固定时，圆钢直径小于8mm，分支处或端部300～500mm处未设置固定支架，缺少防晃措施，错误做法如图3-2-8所示。

## 解析

1.电缆敷设后梯架、托盘和槽盒的晃动，可能会造成掉落等安全事件。2.桥架在分支处或端部的受力不均匀，也会导致桥架扭曲、变形等。

## 正确做法

1.梯架、托盘和槽盒采用金属吊架固定时，圆钢直径不得小于8mm，并应有防晃支架，在分支处或端部300～500mm处应有固定支架。2.转弯处两边各设一组吊架，且两组吊架对称布置，间距不大于1.5m。3.顶层桥架距楼板距离不应小于150mm，上下层桥架间距不应小于150mm。正确做法如图3-2-9所示。

◎**工艺难点7**：在室外敷设的梯架、托盘和槽盒，无防雨措施，槽盒底部无泄水孔。错误做法如图3-2-10所示。

图 3-2-8　槽盒缺少固定支吊架

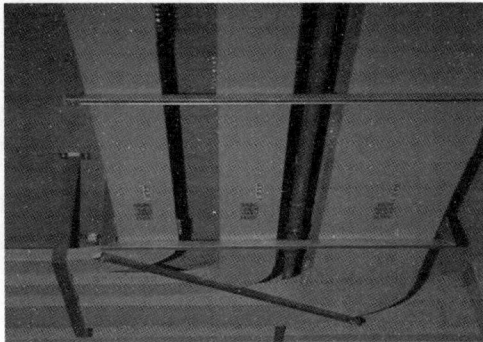

图 3-2-9　槽盒固定支吊架安装

## 解析

大雨天气，雨水可能进入梯架、托盘和槽盒，甚至会沿着梯架、托盘和槽盒进入室内或配电箱（柜）而发生安全事故。

## 正确做法

1.对于敷设在室外的梯架、托盘和槽盒，当进入室内或配电箱（柜）时应有防雨措施，槽盒底部应有泄水孔。2.在梯架、托盘和槽盒与配电箱（柜）或者墙体接口处设置"乙"字弯或做防水封堵。3.槽盒底部开设泄水孔，以防止雨水积存。正确做法如图3-2-11所示。

图 3-2-10　屋面桥架缺少防雨措施

图 3-2-11　屋面桥架采用防雨盖板

### 3.2.2　梯架、托盘和槽盒伸缩节安装

◎**工艺难点1**：梯架、托盘和槽盒跨越建筑物变形缝时，未设置伸缩节，或伸缩节与变形缝错位。错误做法如图3-2-12、图3-2-13所示。

## 解析

建筑物在发生沉降、变形时可能会损伤梯架、托盘、槽盒和电缆。

## 正确做法

1.梯架、托盘和槽盒跨越建筑物变形缝时，在正对变形缝处设置补偿装置。2.伸缩节固定螺栓的螺母应位于梯架、托盘和槽盒外侧，防止导线或电缆敷设时受损伤。3.金属桥架伸缩节两端采用不小于4mm²黄绿色铜芯软导线跨接。正确做法如图3-2-14、图3-2-15所示。

图 3-2-12 穿越变形缝缺少伸缩节

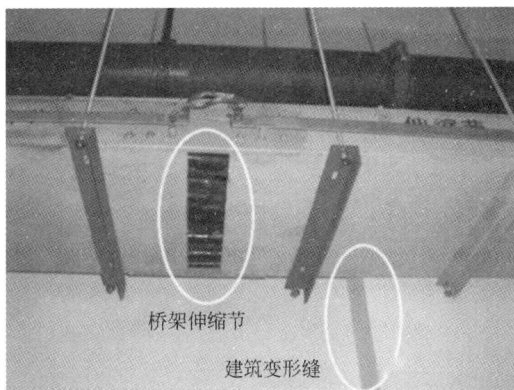

图 3-2-13 伸缩节与变形缝错位安装

图 3-2-14 桥架伸缩节安装

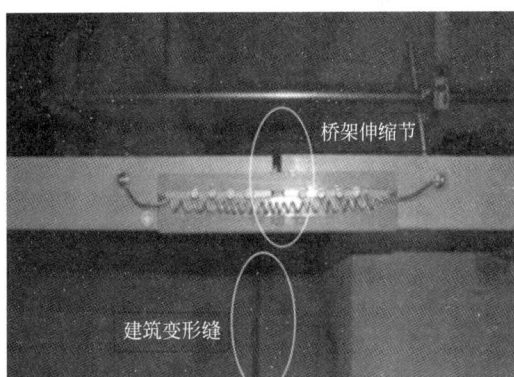

图 3-2-15 变形缝处伸缩节安装

◎**工艺难点2**：金属桥架的接地跨接，连接在连接板或伸缩节连接板的固定螺母上。错误做法如图3-2-16所示。

## 解析

1.认为伸缩节和桥架固定连接，自身又是导体，整体已经导通，无需做接地跨接。2.认为只要做了跨接即可，作用不大。3.由于伸缩节连接板上的螺母为半松动连接状态，故用作接地螺栓时，接地导通不可靠。

## 正确做法

1.严格按照国家建筑标准设计图集《桥架安装》04D701-3施工。2.伸缩节补偿收缩衬板应设在伸缩节外侧，衬板螺栓孔应开成条形孔，衬板长度为两个连接板长度之和+30mm，双螺母应位于桥架外侧，且不能拧紧，以保证伸缩节可自由伸缩。3.伸缩节两端桥架应采用软铜线做接地跨接，接地线中间应留有余量。4.应避开伸缩节位置，在伸缩节两端桥架上开孔安装有防松螺母或防松垫圈的连接固定螺栓，连接前剔除接地螺栓下方的绝缘层，接地螺栓紧固无松动，并做好标识。正确做法如图3-2-17所示。

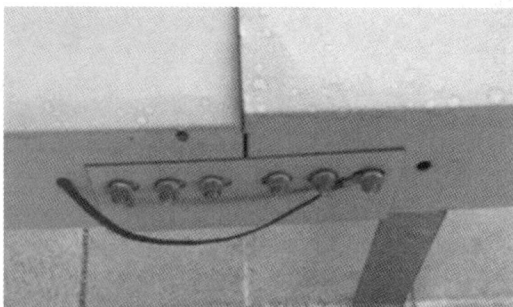

图 3-2-16　借用连接板螺栓接地

图 3-2-17　伸缩节接地跨接线

### 3.2.3　母线槽安装

◎**工艺难点1：分支母线槽的金属外壳末端未与保护导体连接。**

## 解析

1.认为母线槽全长与保护导体已经可靠连接，分支母线槽末端无需与保护导体可靠连接。2.操作人员对规范的理解不够深入。

## 正确做法

1.母线槽的金属外壳等外露可导电部分应与保护导体可靠连接。2.每段母线槽的金属外壳间应连接可靠，且母线槽全长与保护导体可靠连接不应少于2处；3.分支母线槽的金属外壳末端应与保护导体可靠连接；4.连接导体的材质、截面积应符合设计要求。正确做法如图3-2-18所示。

图3-2-18 母线槽安装

◎**工艺难点2**：母线槽垂直安装时，楼板处无专用弹簧减震支撑，穿越楼板防火封堵不严密，错误做法如图3-2-19所示。

## 解析

1.认为母线槽自身为金属材质，垂直安装穿越楼板时固定牢固即可，未考虑母线槽自重较大，未考虑固定方式的稳定性。2.操作人员对规范的理解不深入。

## 正确做法

1.母线槽段与段的连接口不应设置在穿越楼板或墙体处，垂直穿楼板处应设置与建（构）筑物固定的专用部件支座，其孔洞四周应设置高度50mm及以上的挡水台，并应采取防火封堵措施。2.垂直安装的母线槽穿越楼板根部防火封堵应密实。3.水平或垂直敷设的母线槽固定点应每段设置一个支架，且每层不得少于一个支架，其间距应符合产品技术文件的要求，距拐弯400～600mm处应设置支架，固定点位置不应设置在母线槽的连接处或分接单元处。4.外壳与底座间、外壳各连接部位及母线的连接螺栓应符合要求，连接紧固。正确做法如图3-2-20所示。

图 3-2-19　母线槽穿楼板封堵不严密　　　图 3-2-20　母线槽穿楼板防火封堵严密

◎**工艺难点3**：母线槽跨越建筑物变形缝处时未设置补偿装置。

## 解析

1.未考虑建筑物的伸缩或者沉降对母线槽的破坏。2.考虑了变形缝处的风险点，但补偿装置未设置在变形缝位置或存在移位。

## 正确做法

1.严格执行《建筑电气工程施工质量验收规范》GB 50303—2015中10.2.5条的规定：母线槽跨越建筑物变形缝处时，应设置补偿装置。2.补偿装置两侧应安装固定支架，支架应安装牢固、无明显扭曲，采用金属吊架固定时应有防晃支架，配电母线槽的圆钢吊架直径不得小于8mm；照明母线槽的圆钢吊架直径不得小于6mm。

◎**工艺难点4**：母线与母线、母线与电器或设备接线端子搭接方式混用、错误。

## 解析

1.金属的化学活泼程度不同，相互接触表现正负极性也不同，在潮湿场所会形成电池而导致金属腐蚀。2.铝母线的搭接面应做好处理，防止产生氧化膜，影响导电能力，但由于施工现场条件受限，铝母线的搪锡处理有一定难度，故在现场不具备搪锡处理条件时可直接搭接，但对于成套设备提供的铝母线，设备制造厂出厂前应对其端部搪锡处理。

### 🖐 正确做法

对于母线与母线、母线与电器或设备接线端子搭接，搭接面的处理应符合下列规定：1.铜与铜：当处于室外、高温且潮湿的室内时，搭接面应搪锡或镀银；干燥的室内，可不搪锡、不镀银。2.铝与铝：可直接搭接。3.钢与钢：搭接面应搪锡或镀锌。4.铜与铝：在干燥的室内，铜导体搭接面应搪锡；在潮湿场所，铜导体搭接面应搪锡或镀银，且应采用铜铝过渡连接。5.钢与铝或铜：钢搭接面应镀锌或搪锡。6.搭接连接应牢固可靠。

◎ **工艺难点5：** 直线敷设的母线槽通长未安装伸缩节或数量不够。

### 📚 解析

1.未考虑热胀冷缩现象引起的母线槽周期性的伸缩移动，可能导致使母线槽断裂、支吊架扭曲、固定件松脱等情况发生。2.虽然考虑了外界环境温度对物体热胀冷缩的影响，也安装了伸缩节，但距离过大，不符合要求。

### 🖐 正确做法

1.母线槽直线敷设长度超过80m，每50～60m处宜设置伸缩节。2.伸缩节装置两侧应安装固定支架，支架应安装牢固、无明显扭曲。

## 3.3　导管、导线、电缆敷设

### 3.3.1　导管暗敷

◎ **工艺难点1：** 暗敷钢导管采用对口熔焊连接，暗敷的薄壁钢导管采用套管熔焊连接。

### 📚 解析

1.钢导管对口熔焊连接会产生烧穿，内部结瘤，穿线缆时将损坏绝缘层，埋入混凝土中会渗入浆水导致导管堵塞。2.薄壁钢导管套管熔焊连接时也会产生烧穿，内部结瘤，穿线缆时损坏绝缘层。

## 正确做法

1.严格执行施工质量验收规范，钢导管不得采用对口熔焊连接，镀锌钢导管或壁厚≤2mm的钢导管，不得采用套管熔焊连接。2.壁厚＞2mm的厚壁钢导管采用套管熔焊连接；壁厚≤2mm的薄壁钢导管采用紧定连接、卡套连接等方法。3.焊缝处、卡套连接处、紧定连接处可利用胶带缠绕，防止浇筑混凝土时浆水渗入导致导管堵塞。

◎**工艺难点2：** 暗敷镀锌钢导管采用对口熔焊、套管熔焊或采用丝扣连接，丝扣连接时未做接地跨接，错误做法如图3-3-1所示。

## 解析

1.镀锌钢导管对口熔焊连接或套管熔焊连接会破坏镀锌保护层，违背设计师采用镀锌材质的初衷。2.镀锌钢导管丝扣连接时漏做接地跨接线，无法形成电气通路。3.操作人员为了省时省力，缺少对规范的深入理解。

## 正确做法

1.厚壁镀锌钢导管一般采用丝扣连接；壁厚≤2mm的薄壁钢导管采用紧定连接、卡套连接等方法。2.卡套连接处、紧定连接处可利用胶带缠绕，防止浇筑混凝土时将水渗入导致导管堵塞。3.采用丝扣连接的镀锌钢管，连接处的两端宜采用专用接地卡固定保护连接导体。4.保护连接导体应为铜芯软导线，截面积不应小于4mm$^2$。正确做法如图3-3-2所示。

图3-3-1 镀锌钢导管套管熔焊连接

图3-3-2 镀锌钢导管跨接接地线

◎**工艺难点3：** 暗配管外露出墙面，错误做法如图3-3-3所示。

## 解 析

1.未考虑暗配管的埋深要求。2.暗配管理深太深时，不利于与盒、箱连接，剔槽太深会影响墙体等建筑物的质量；剔槽太浅同样不利于与盒、箱连接，还会使建筑物表面有裂纹。

## 正确做法

1.当设计有要求时，则应按照设计要求进行配管埋设；设计无要求时，对于暗配的导管，导管表面埋设深度与建筑物、构筑物表面的距离不应小于15mm。2.剔槽深度应根据导管管径调整，导管敷设利用钉子夹紧固定牢靠。3.塑料导管在砖墙上剔槽埋设，应采用强度等级不小于M10的水泥砂浆抹面保护，消防用导管保护层厚度不应小于30mm。正确做法如图3-3-4所示。

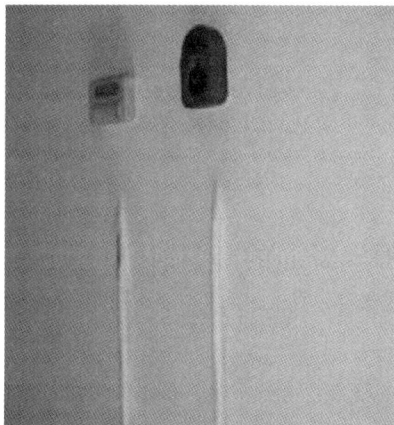

图 3-3-3　暗配管外露出墙面

图 3-3-4　墙面暗配管

◎**工艺难点4：**暗配管敷设在变形缝处，采用穿变形缝直接连接的方式。

## 解 析

1.未考虑建筑物的伸缩或者沉降对导管的破坏。2.认为变形缝处导管直接连接不影响管内穿线等后续施工，导管无堵塞即可。

## 正确做法

1.钢导管或刚性塑料导管跨越建筑物变形缝处应设置补偿装置。2.跨越变形缝时，可在变形缝两侧各预埋一个接线盒或者过渡盒。3.箱（盒）间采用金属软管连接，软管留有余量，两侧连接好接地跨接地线，接地跨接线截面积不应小于 $4mm^2$。正确做法如图3-3-5所示。

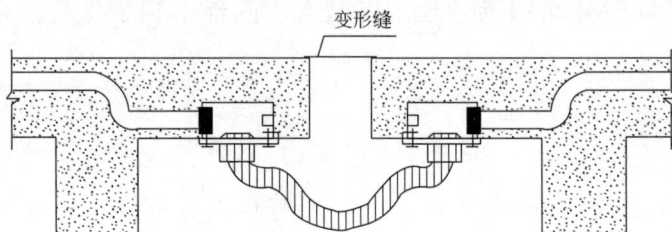

图3-3-5 暗配管过变形缝敷设

## 3.3.2 导管明敷

◎**工艺难点1：** 导管穿越密闭或防护密闭隔墙时，未设置预埋套管。

### 解析

1.未考虑人防区域导管敷设的特殊要求。2.操作人员认为导管穿越隔墙，导管自身就起到保护线缆的作用，无需设置预埋套管。3.未考虑人防区域各类毒剂入侵时，必须保证导管直接穿越隔墙时的密闭性。

### 正确做法

1.导管穿越密闭或防护密闭隔墙时应设置预埋套管，预埋套管的制作和安装应符合设计要求，套管两端伸出墙面的长度宜为30～50mm，导管穿越密闭穿墙套管的两侧应设置过线盒，并应做好封堵。2.套管应设置带有密闭翼环的密闭套管。3.导管穿线或电缆后，应将导管与套管间空隙及过线盒内的管口用密封材料填充密实。

◎**工艺难点2：** 明配导管在变形缝处，采用穿变形缝直接连接的方式，缺少补偿，错误做法如图3-3-6所示。

### 解析

1.未考虑建筑物的伸缩或者沉降对导管的破坏。2.认为变形缝处导管直接连接不影响管内穿线等后续施工，导管无堵塞即可。

## 正确做法

1.钢导管或刚性塑料导管跨越建筑物变形缝处应设置补偿装置。2.跨越变形缝处时，可在变形缝两侧安装一个接线盒，导管的一端固定在接线盒上。3.在另一侧接线盒相对位置开孔，孔径尺寸不小于接入管径的2倍。4.盒间采用金属软管连接，金属软管预留一定的余量，两侧连接好补偿跨接地线。5.以专用接地卡固定的保护连接导体，应为铜芯软导线，截面积不应小于4mm$^2$。正确做法如图3-3-7所示。

图 3-3-6　导管过变形缝缺少补偿

图 3-3-7　导管明敷过变形缝

◎**工艺难点3**：明敷镀锌钢导管采用对口熔焊或套管熔焊连接，采取丝扣连接时，丝扣连接处未做接地跨接，错误做法如图3-3-8所示。

## 解析

1.镀锌钢导管对口熔焊连接会破坏镀锌保护层，减少导管的使用寿命。2.镀锌钢导管丝扣连接时可能会存在间接接触，进而产生电击现象。

## 正确做法

1.钢导管不得采用对口熔焊连接，镀锌钢导管或壁厚≤2mm的钢导管，不得采用套管熔焊连接。2.厚壁镀锌钢导管一般采用丝扣连接；壁厚≤2mm的薄壁钢导管采用紧定连接、卡套连接等方法。3.采用丝扣连接的镀锌钢管，连接处的两端宜采用专用接地卡固定保护连接导体。4.以专用接地卡固定的保护连接导体应为铜芯软导线，截面积不应小于4mm$^2$。正确做法如图3-3-9所示。

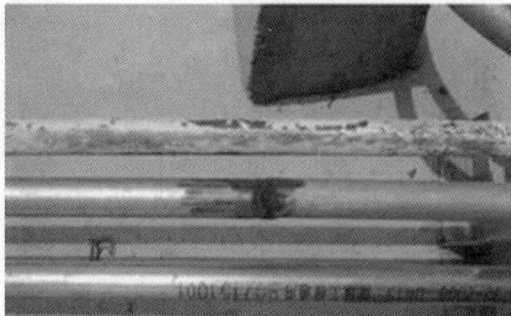

图 3-3-8　镀锌钢导管对口熔焊

图 3-3-9　镀锌钢导管明敷

◎**工艺难点4：**金属导管连接处及金属导管与金属梯架、托盘连接时，未连接保护联结导体，错误做法如图3-3-10所示。

## 解析

1.认为金属导管与金属导管连接、金属导管与金属梯架、托盘已经连接，同属于金属材质，自身就可以导电，无需专门再连接。2.未考虑外露金属可导电部分，均需与保护导体可靠连接。

## 正确做法

1.金属导管应与保护导体可靠连接，镀锌钢导管、可弯曲金属导管、金属柔性导管不得熔焊连接。2.当非镀锌钢导管采用螺纹连接时，连接处的两端应熔焊焊接连接保护导体。3.镀锌钢导管、可弯曲金属导管和金属柔性导管连接处的两端宜采用专用接地卡固定保护联结导体。4.金属导管与金属梯架、托盘连接时，镀锌材质的连接端宜采用专用接地卡固定保护联结导体，非镀锌材质的连接处应熔焊焊接保护联结导体。5.以专用接地卡固定的保护连接导体应为铜芯软导线，截面积不应小于$4mm^2$。6.以熔焊焊接的保护联结导体宜为圆钢，直径不小于6mm，其搭接长度应为圆钢直径的6倍。正确做法如图3-3-11所示。

◎**工艺难点5：**导管采用金属吊筋固定，未安装防晃、固定支架。

## 解析

1.未考虑外力扰动导管易发生晃动，管内穿线时线路摆动，易发生安全事故。
2.未考虑吊架晃动可能造成导管距离盒（箱）、分支处或端部易脱落、扭断等。

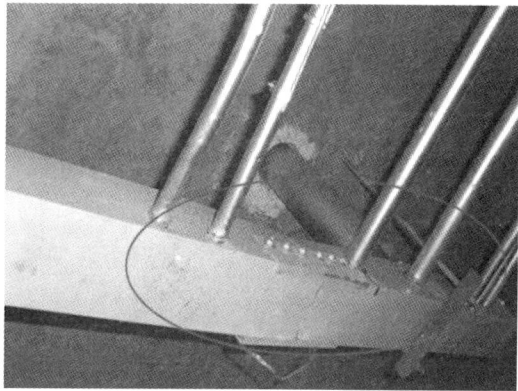

图3-3-10　金属导管缺少接地线

图3-3-11　金属导管连接接地可靠

## 正确做法

1.当导管采用金属吊架固定时，圆钢直径不得小于8mm，并应设置防晃支架，在距离盒（箱）、分支处或端部300～500mm处应设置固定支架。2.金属支架应进行防腐，位于室外及潮湿场所应按设计要求处理。3.防晃支架的位置宜在线路的中部，线路端部按规定设置固定支架。

◎**工艺难点6：刚性导管经柔性导管与电气设备、器具连接时，柔性导管的长度过长，错误做法如图3-3-12所示。**

## 解析

1.未提前优化电气设备及预埋管线位置，定位出现较大偏差。2.未考虑规范要求，刚性导管未安装到位，刚性导管末端与电气设备、器具距离过长。

## 正确做法

1.刚性导管经柔性导管与电气设备、器具连接时，柔性导管的长度在动力工程中不宜大于0.8m，在照明工程中不宜大于1.2m。2.可弯曲金属导管或柔性导管与电气设备、器具间的连接应采用专用接头；防液型可弯曲金属导管或柔性导管的连接处应密封良好，防液覆盖层应完整无损。3.可弯曲金属导管和金属柔性导管不应做保护导体的接续导体。正确做法如图3-3-13所示。

◎**工艺难点7：明配钢导管进出配电箱，未做接地跨接。**

图 3-3-12　金属软管长度超长

图 3-3-13　导管与电气设备连接

## 解 析

1.认为金属导管与配电箱连接，同属于金属材质，只要连接就可以导电，无需专门再做接地保护导体的跨接。2.未考虑配电箱箱体一般有绝缘涂层，金属导管与配电箱虽然连接，但并未形成电气通路。

## 正确做法

1.开孔应整齐并与管径一致，不得开长孔，要求一管一孔，锁母连接。2.注意配电箱的开孔与配电板的间距，便于配电箱盘接线。3.配电箱严禁用电气焊开孔，电管入配电箱时，管口露出箱的长度应小于5mm，且锁紧螺母露出2～3扣。4.在配电箱下侧100～150mm处设置支架，将钢导管固定在支架上。5.接地线与配电箱内接地排可靠连接，详细做法如图3-3-14所示，正确做法如图3-3-15所示。

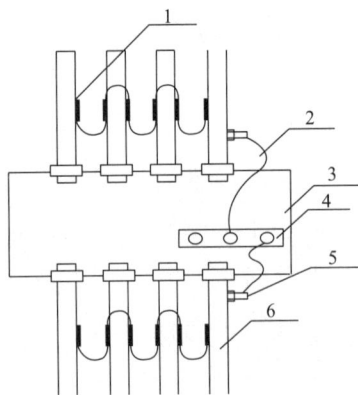

图 3-3-14　明配导管进出箱

1—搭接长度为圆钢直径的6倍双面施焊或用
专用接地卡；2—接地线；3—明装配电箱；
4—接地母排；5—接地螺栓；6—明配管

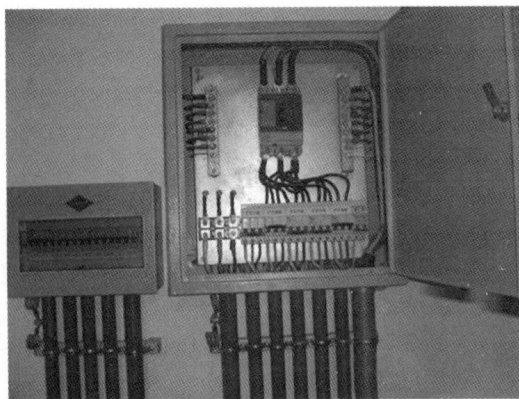

图 3-3-15　明配导管进出箱

### 3.3.3　管内穿线

◎**工艺难点1**：电线导管内穿线过多，导致个别电线破皮，错误做法如图3-3-16所示。

#### 解析

1.导管管径选择未执行设计及规范要求。2.认为细管径的导管节约材料成本，未考虑后期穿线难度。

#### 正确做法

1.绝缘导线穿管前，应清除管内杂物和积水，绝缘导线导管的管口在穿线前应装设护线口。2.同一回路电线应穿入同一根管内，但管内总根数不应超过8根，电线总截面积（包括绝缘外皮）不应超过管内截面积的40%。3.绝缘导线接头应设置在专用接线盒（箱）或器具内，不得设置在导管内，盒（箱）的设置应便于检修，正确做法如图3-3-17所示。

图 3-3-16　管内穿线太多

图 3-3-17　管内穿线

◎**工艺难点2**：电源线与通信线共穿于一根导管内，如图3-3-18所示。

#### 解析

1.施工时遗漏配管，或预埋导管堵塞。2.认为电线和通信线均带有绝缘外皮，可以抗干扰，不必分开穿管敷设，还可以加快施工速度。

### 正确做法

1.严格执行《住宅装饰装修工程施工规范》GB 50327—2001中16.3.5条的规定：电源线与通信线不得穿入同一根管内。2.不同回路、不同电压等级和交流与直流线路的绝缘导线不应穿于同一导管内。3.绝缘导线穿管前，应清除管内杂物和积水，绝缘导线导管的管口在穿线前应装设口护线。4.绝缘导线接头应设置在专用接线盒（箱）或器具内，不得设置在导管内，盒（箱）的设置应便于检修。正确做法如图3-3-19所示。

图 3-3-18　强弱电线共管

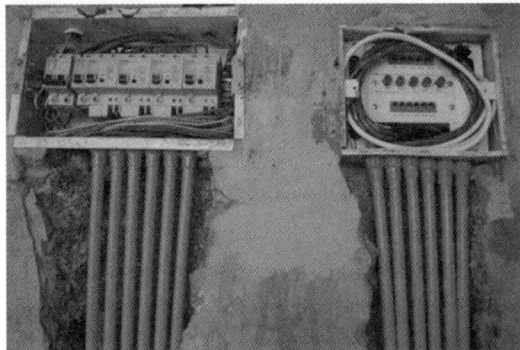

图 3-3-19　强弱电管线敷设

◎**工艺难点3**：交流单芯电缆或分相后的每项电缆单独穿于钢导管内。

### 解析

1.认为电缆只要穿于导管内即可，不影响供电。2.单根导线的周围存在交变磁场，磁场会和钢管发生电磁感应在钢管中产生涡流，可能导致钢管发热引起火灾，同一回路的电线电流方向相反，产生的磁场会互相抵消，对外不显磁性，不会引起涡流发热。

### 正确做法

1.严格执行《建筑电气工程施工质量验收规范》GB 50303—2015中13.1.5条的规定：交流单芯电缆或分相后的每项电缆不得单独穿于钢导管内，固定用的夹具和支架不应形成闭合回路。2.不同回路、不同电压等级和交流与直流线路的绝缘导线不应穿于同一导管内。3.同一交流回路的绝缘导线不应敷设于不同的金属槽盒内或穿于不同金属导管内。

## 3.3.4　线槽配线

◎**工艺难点1**：线槽内敷设的导线过多且凌乱，错误做法如图3-3-20所示。

### 解析

1.设计出图时，线缆总截面积计算不准确，线槽规格尺寸偏小，或设计未考虑余量。2.未考虑分支接头处截面积会增大，未考虑导线外护套的截面积，设计槽盒尺寸较小。3.施工人员敷设电缆时贪图省事，未按照要求对线缆绑扎或绑扎不到位。

### 正确做法

1.同一槽盒内不宜同时敷设绝缘导线和电缆。2.同一路径无防干扰要求的线路，可敷设于同一槽盒内；槽盒内的绝缘导线总截面积（包括外护套）不应超过槽盒内截面积的40%，且载流导体不宜超过30根。3.当控制和信号等非电力线路敷设于同一槽盒内时，绝缘导线的总截面积不应超过槽盒截面积的50%。4.分支接头处绝缘导线的总截面积（包括外护层）不应大于该点盒（箱）内截面面积的75%。5.绝缘导线在槽盒内应留有一定余量，并应按回路分段绑扎，绑扎点间距不应大于1.5m；当垂直或大于45°倾斜敷设时，应将绝缘导线分段固定在槽盒内的专用部件上，每段至少应有一个固定点。槽盒内导线应排列整齐、有序。6.敷设完成后，槽盒盖板复位，盖板应齐全、平整、牢固。正确做法如图3-3-21所示。

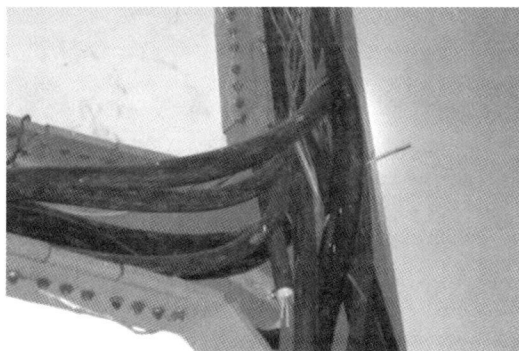

图3-3-20　槽盒内线缆敷设混乱

图3-3-21　槽盒内线缆敷设整齐

◎**工艺难点2**：强电和弱电的导线或有防干扰要求的导线同时敷设于同一金属槽盒，错误做法如图3-3-22所示。

## 解析

1.未考虑强电对弱电或有防干扰要求的线路造成相互干扰，影响使用性能。2.不同电压等级线路敷设于同一金属槽盒，槽盒内存在不平衡交流电流产生的涡流效应，使导管或槽盒温度升高，导致槽盒内绝缘导线的绝缘层加速老化，甚至龟裂脱落，发生漏电、短路、着火等事故。

## 正确做法

1.同一路径无防干扰要求的线路，可敷设于同一槽盒内。2.不同电压等级的导线、强电和弱电导线应分开敷设。敷设于同一线槽内有干扰要求的线路，应采用隔板隔离。3.绝缘导线在槽盒内应留有一定余量，并应按回路分段绑扎，绑扎点间距不应大于1.5m；当垂直或大于45°倾斜敷设时，应将线缆分段固定在槽盒内的专用部件上。4.槽盒盖板应齐全严密、平整牢固，正确做法如图3-3-23所示。

图 3-3-22 槽盒线缆混合敷设

图 3-3-23 线缆分槽盒敷设

### 3.3.5 电缆明敷

◎**工艺难点1：** 电缆明敷未固定好，防火封堵不严密，错误如图3-3-24所示。

## 解 析

1.电缆支架间距过大，导致电缆敷设不顺直。2.电缆出入电缆沟、电气竖井穿越楼板，以及配电（控制）柜、台、箱等管口处应防火封堵严密。

## 正确做法

1.电缆的敷设排列应顺直、整齐，并宜减少交叉；电缆出入电缆沟、电气竖井、配电（控制）柜、台、箱以及管口处等部位应采取防火密封措施。2.当设计无要求时，电缆支持点间距不应大于表 3-3-1 的规定。正确做法如图 3-3-25 所示。

电缆支持点间距（单位：mm） 表 3-3-1

| 电缆种类 | | 电缆外径 | 敷设方式 | |
|---|---|---|---|---|
| | | | 水平 | 垂直 |
| 电力电缆 | 全塑型 | — | 400 | 1000 |
| | 除全塑型外的中低压电缆 | | 800 | 1500 |
| | 35kV 高压电缆 | | 1500 | 2000 |
| | 铝合金带联锁铠装的铝合金电缆 | | 1800 | 1800 |
| 控制电缆 | | | 800 | 1000 |
| 矿物绝缘电缆 | | < 9 | 600 | 800 |
| | | ≥ 9，且 < 15 | 900 | 1200 |
| | | ≥ 15，且 < 20 | 1500 | 2000 |
| | | ≥ 20 | 2000 | 2500 |

图 3-3-24 电缆穿楼板防火封堵不严密

图 3-3-25 电缆敷设防火封堵严密

◎ 工艺难点2：电缆穿零序互感器时，电缆金属保护层和接地线未对地绝缘。

解析

1.不清楚零序互感器的工作原理。2.未考虑离散电流的影响，可能导致零序保护装置发出错误信号或误动作。3.操作人员遗漏电缆金属保护层和接地线的对地绝缘。

**正确做法**

1.当电缆穿过零序互感器时，电缆金属保护层和接地线应对地绝缘。2.对于穿过零序互感器后制作的电缆头，其电缆接地线应回穿互感器后接地；对尚未穿过零序互感器的电缆接地线应在零序互感器前直接接地。3.电缆头应可靠固定，不应使电器元件或设备端子承受额外应力。

### 3.3.6 地沟内电缆敷设

◎**工艺难点1：**地沟内电缆敷设杂乱、拖地，电缆敷设后未统一挂标识牌，错误做法如图3-3-26所示。

**解析**

1.电缆敷设前，未进行策划和预排列，敷设后电缆出现叠压、绞拧、交叉。2.电缆敷设过程中，敷设及绑扎不到位，电缆出现拖地现象。3.技术交底不到位，未对电缆标识标牌做法进行详细交底。

**正确做法**

1.电缆在地沟支架上敷设，应排列顺直、整齐，并宜少交叉。2.电缆的最小转弯半径及电缆支持点间距应符合规范及设计要求。3.用尼龙扎带绑扎，高度一致，位置统一、美观。4.在电缆沟垂直敷设或大于45°倾斜敷设的电缆应在每个支架上固定。5.电缆的首端、末端和分支处应设标识牌。正确做法如图3-3-27所示。

图3-3-26 地沟内电缆敷设（错误）

图3-3-27 地沟内电缆敷设（正确）

◎**工艺难点2：**金属电缆支架未与保护导体可靠连接。

## 解析

1.认为电缆外护层为绝缘材质，金属电缆支架不必与保护导体可靠连接。2.金属电缆支架应与保护导体可靠连接，目的是防止电缆绝缘层破裂时，保护人身安全和供电安全。

## 正确做法

1.金属电缆支架必须与保护导体可靠连接。2.为避免电缆产生故障时危及人身安全，电缆支架全长均应有良好的接地，电缆线路较长时，还应根据设计进行多点接地。3.接地线宜采用直径不小于12mm的镀锌圆钢或40mm×4mm的镀锌扁钢，接地线应在电缆敷设前与支架可靠跨接。4.不宜利用沟的护边角钢作为接地线。正确做法如图3-3-28所示。

图 3-3-28 电缆支架安装及接地

### 3.3.7 电缆标识牌挂设

◎**工艺难点：** 电缆标识牌悬挂不到位或未悬挂标识牌，错误做法如图3-3-29所示。

## 解析

1.电缆敷设过程中，仅对电缆首尾两端进行标识牌的悬挂，或者漏挂标识牌。2.未考虑后期检修的方便。3.标识牌做法的技术交底不到位。

## 正确做法

1.电缆的首端、末端和分支处应设标识牌，直埋电缆应设标示桩。2.尽可能采用打印的标识牌，避免手写字迹不清，不易辨认。3.提前准备电缆标识牌并填写相关内容：电气系统编号、电缆的起点及终点、电缆规格及长度。4.用尼龙扎带绑扎，高度一致、位置统一、美观。正确做法如图3-3-30所示。

图 3-3-29　电缆缺少标识标牌

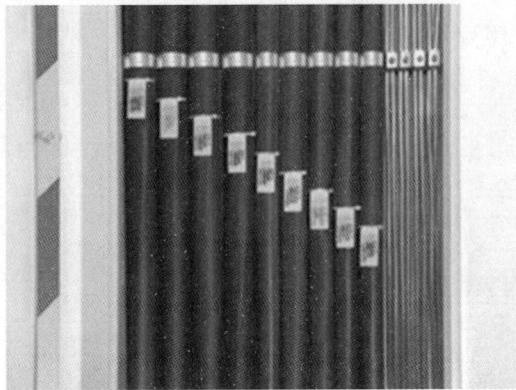

图 3-3-30　电缆标识牌整齐

# 3.4　开关、插座、灯具安装

## 3.4.1　接线盒（开关盒、插座盒、灯头盒）安装

◎**工艺难点1：** 预埋接线盒突出混凝土墙面，或凹进墙面，水平、垂直位置发生位移，错误做法如图3-4-1所示。

### 解 析

1.接线盒安装时入盒的管路与结构钢筋绑扎或焊接不牢固，在浇筑混凝土时造成管路与箱盒脱离。2.浇筑混凝土时振动棒振捣造成管盒移位、歪扭。3.浇筑混凝土时，无人看管和及时调整。

### 正确做法

1.接线盒安装前必须封堵严密。2.根据图纸设计在底板模板上画出接线盒及管线位置，并用油漆标记。参照土建施工提供的基准线及图纸设计位置，在剪力墙钢筋上标注接线盒水平位置及标高。3.水平接线盒应与模板紧紧贴合，采用自攻螺钉或钉子固定在模板上，剪力墙面接线盒在模板安装前施工，应保证盒外沿与钢筋保护层厚度一致，用铁丝或钢筋牢牢固定。4.同一层内处在同一水平方向的接线盒标高应找平，处在同一竖直方向的接线盒利用重心锤调直。5.浇筑混凝土时现场必须有专人看护，发现损坏及时整改。脱模后效果如图3-4-2所示。

图 3-4-1　接线盒安装太深

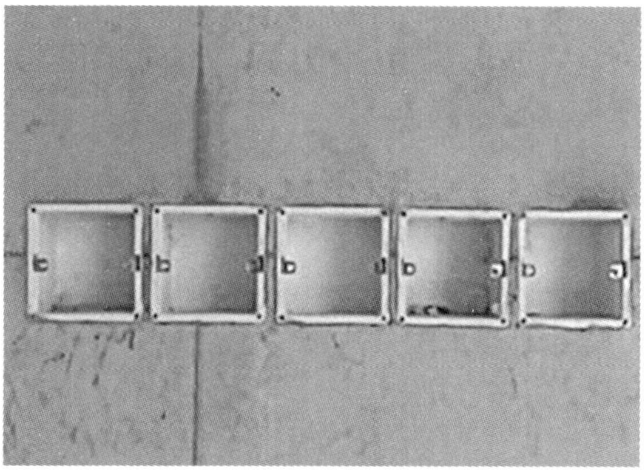

图 3-4-2　接线盒安装规范

### 3.4.2　开关安装及接线

◎**工艺难点1**：并排安装的开关高度不一致，观感质量差，错误做法如图3-4-3所示。

### 解析

　　1.底盒预埋安装不平齐，导致后期成排开关面板高度不一致。2.同一墙面各个开关面板由不同施工单位人员安装，例如：强电开关、地暖开关、空调开关等，彼此间缺少协调，造成面板高度不一致。3.开关面板安装未紧固到位，成排安装时高低不一致，间距不均匀。

### 正确做法

　　1.开关盒预埋时标高一致，出墙厚度一致，间距均匀。2.成排安装开关的高度、间距等统一排布，面板应紧贴墙面，四周无缝隙，确保美观。3.同一室内安装相同型号的开关高度应一致，其高度差不应大于5mm；并排安装相同型号开关的高度差不应大于1mm，且控制有序。4.对不同施工单位进行统一的技术交底，统一施工及验收标准，实现开关面板高度一致，观感舒适。5.开关应控制相线。正确做法如图3-4-4所示。

◎**工艺难点2**：装饰面内线盒进墙过深未加装套盒。

### 解析

　　1.底盒预埋安装在剪力墙或者后砌墙内，后期装饰板与原墙体间存在空隙。

图 3-4-3 开关安装间距不均匀

图 3-4-4 开关安装高度一致

2.后期安装没有进行处理，只是达到开关的通断效果。3.未考虑细部质量及观感效果。

## 正确做法

1.暗装的插座盒或开关盒应与饰面平齐，盒内干净整洁，无锈蚀，绝缘导线不得裸露在装饰层内。2.面板应紧贴饰面、四周无缝隙、安装牢固，表面光滑、无碎裂、划伤，装饰帽（板）齐全。3.开关安装位置应便于操作，开关边缘距门框边缘的距离宜为150 ~ 200mm。

### 3.4.3 插座安装及接线

◎**工艺难点1：** 成排安装的插座面板不平齐，间隙不一致，错误做法如图3-4-5所示。

## 解析

1.底盒安装不平齐，存在间隙，歪扭现象，导致后期插座面板不平整，间隙不统一。2.同一位置各个插座面板由不同施工单位人员安装，彼此间缺少协调。3.后期开关、插座面板安装未紧固到位，出现偏差。

## 正确做法

1.底盒预埋阶段，将底盒标高、前后尺寸控制准确，安装牢固，上下平齐。2.插座面板紧贴墙面安装，确保四周无缝隙，相邻插座间距一致。3.对不同施工单位进行统一的技术交底，统一施工及验收标准。正确做法如图3-4-6所示。

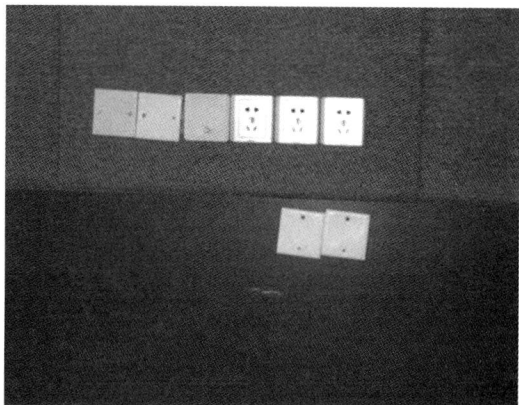

图 3-4-5　插座安装高度不一致

图 3-4-6　插座安装高度一致

◎**工艺难点2：** 插座的相线、零线、地线接线错误，接地线存在串接现象，错误做法如图3-4-7所示。

## 解 析

1.穿线时电线颜色未进行策划，色标混乱，导致后期接线错误。2.操作人员不熟悉规范，相线、零线混淆使用。

## 正确做法

1.对于单相两孔插座，面对插座的右孔或上孔应与相线连接，左孔或下孔应与中性导体（N）连接；对于单相三孔插座，面对插座的右孔应与相线连接，左孔应与中性导体（N）连接；单相三孔、三相四孔及三相五孔插座的保护接地导体（PE）应接在上孔；2.插座的保护接地导体端子不得与中性导体端子连接；同一场所的三相插座，其接线的相序应一致。3.保护接地导体（PE）在插座之间不得串联连接。4.相线与中性导体（N）不应利用插座本体的接线端子转接供电。正确做法如图3-4-8所示。

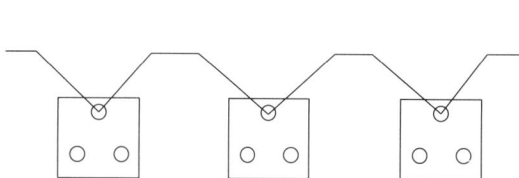

图 3-4-7　插座接地线存在串联现象

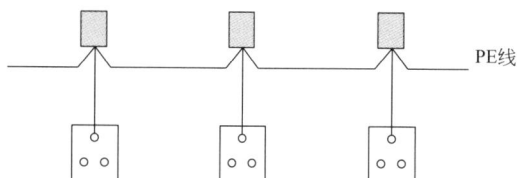

图 3-4-8　插座接地线正确

### 3.4.4　普通照明灯具安装及接线

◎**工艺难点1：**成排灯具安装不在一条直线上，错误做法如图3-4-9所示。

## 解 析

1.安装前未进行优化排布，安装时未定位放线，造成灯具中心点不在同一条直线上。2.纵横交叉的灯具虽然定位放线，但未放十字交叉线，造成灯具中心点不在同一条直线上。3.对操作人员技术交底不到位。

## 正确做法

1.安装前进行优化排布，结合灯具外观尺寸大小和照度确定灯具间距。2.根据优化后的排布间距定位放线，采用十字交叉线的方式准确定位。3.根据灯具外观尺寸，将灯具的中心点和定位的十字交叉点重合，进行灯具的安装固定，正确做法如图3-4-10所示。

图 3-4-9　灯具排布不整齐

图 3-4-10　灯具安装排列整齐

◎**工艺难点2：**软线吊灯的软线两端无保护扣，多股铜线未烫锡。

## 解 析

1.灯具的自身重量对软线的拉力，可能会造成软线断裂漏电，产生电气火灾等安全事故发生。2.铜芯电线接头过热氧化，易形成铜锈，影响电流正常通过。3.操作人员不熟悉铜芯线接线需要搪锡工艺标准。

## 正确做法

1.软线吊灯的软线两端应做保护扣，铜芯软线两端线芯应搪锡后再进行接线。安装升降器时，应采用安全灯头。2.灯内穿线长度应适宜。3.接线时应区分相线与零线，螺口灯座中心簧片应连接相线，不得混淆。

◎**工艺难点3：Ⅰ类灯具、壁灯等外露可导电部分未与保护导体可靠连接。**

## 解析

1.Ⅰ类灯具、壁灯的外露可导电部位在带电的情况下，可能会造成人身安全事故。2.不熟悉Ⅰ类灯具安装规范。

## 正确做法

1.Ⅰ类灯具外露可导电部分必须采用铜芯软导线与保护导体可靠连接，连接处应设置接地标识，铜芯软导线的截面积应与进入灯具的电源线截面积相同。2.Ⅰ类灯具、壁灯，都配有三根线：火线、零线、地线，地线就是为了安全而准备的，灯具的金属外壳必须和地线可靠连接，防止人体触电。正确做法如图3-4-11所示。

图3-4-11　壁灯安装接地可靠

### 3.4.5　安全出口、消防疏散指示灯安装

◎**工艺难点1：安全出口、消防疏散指示灯未使用消防应急电源供电，错接在正常用电回路，回路设置有漏电保护装置。**

## 解析

1.安全出口、消防疏散指示灯在断电应急状况下使用，错接在正常用电回路时，若发生紧急情况被断电，起不到应急作用。2.安全出口指示灯和应急疏散指示灯的电压应该为消防负荷，不应设置漏电保护装置。

## 正确做法

1.消防应急照明回路的设置除应符合设计要求外，尚应符合防火分区设置的要求。2.安全出口指示灯设置应符合设计要求，消防疏散指示灯安装高度及设置部位应符合设计要求。3.消防疏散指示灯的设置不应影响正常通行，且不应在其周围设置容易混同消防疏散指示灯的其他指示牌等。4.消防应急照明线路在非燃烧体内穿钢导管暗敷时，暗敷钢导管保护层厚度不应小于30mm。正确做法如图3-4-12、图3-4-13所示。

图 3-4-12　消防疏散指示灯安装

图 3-4-13　消防疏散、安全出口指示灯安装

◎**工艺难点2：** 地面安装的成排应急照明灯具不在一条直线上。

## 解析

1.安装前未进行优化排布，安装时未定位放线，造成灯具中心点不在同一条直线上。2.灯具固定不牢靠，使用后被扫地机等冲撞而发生位移，造成灯具中心点不在同一条直线上。3.地面疏散等被物体遮挡。

## 正确做法

1.安装前提前进行优化排布，结合灯具外观尺寸大小确定灯具间距。2.根据优化后的排布间距进行定位放线，准确定位。3.将灯具的中心点和定位的十字交叉点中心重合，进行灯具的安装并固定牢靠。4.严禁物体遮挡应急疏散灯具。正确做法如图3-4-14、图3-4-15所示。

### 3.4.6　专用灯具安装

◎**工艺难点1：** 草坪灯、路灯、景观照明灯具金属构架及金属管未与保护导体可靠连接，连接处未设置接地标识。

图 3-4-14　地面消防疏散指示灯成排安装

图 3-4-15　地面消防疏散指示灯安装

## 解 析

1.在室外潮湿或阴雨环境下，草坪灯、路灯、景观照明灯具的金属构件及金属管可能产生漏电，造成触电事故。2.施工时没有设置接地装置，灯具的金属外壳只与电源的 PE 线连接，无法进行有效接地。

## 正确做法

1.在人行道等人员来往密集场所安装的落地式灯具，当无围栏防护时，灯具距地面高度应大于 2.5m；金属构架及金属保护管应分别与保护导体采用焊接或螺栓连接，连接处应设置接地标识。2.室外场所应采用具有防水性能的专用灯具；灯具有可能受到机械损伤的，应采用有防护网罩的灯具。3.建筑物顶部彩灯管路按明管敷设，应具有防雨功能。管路间、管路与灯头盒间螺纹连接，金属导管及彩灯的构架、钢索等应接地（PE）或接零（PEN）可靠。4.霓虹灯管路、变压器的中性点及金属外壳要可靠接地，并与专用保护地线（PE）联结。5.航空障碍灯应具有防雨功能，安装灯具的金属构架接地（PE）或接零（PEN）应可靠。6.庭院灯安装底座与基础应吻合，预埋地脚螺栓位置准确，预埋电源接线盒宜位于灯具底座基础内；灯具金属立柱及其他可接近裸露导体，应可靠接地或接零。正确做法如图 3-4-16 所示。

图 3-4-16　室外景观灯接地做法

### 3.4.7 吊扇安装

◎**工艺难点1：** 吊扇通电运行后存在明显的颤抖和异常响声。

#### 解析

1.吊扇为组件安装，操作人员可能将扇叶的固定螺栓防松零件未安装齐全，或紧固不到位，造成颤抖和异响。2.挂销的防松零件未安装齐全，造成颤抖及异响。3.挂钩销钉未安装防振橡胶垫，造成一定的振动和异响。

#### 正确做法

1.吊扇挂钩安装应牢固，吊扇挂钩的直径不应小于吊扇挂销直径，且不应小于8mm；挂钩销钉应有防振橡胶垫；挂销的防松零件应齐全、可靠。2.吊扇扇叶距地高度不应小于2.5m。3.吊扇组装不应改变扇叶角度，扇叶的固定螺栓防松零件应齐全。4.吊杆间、吊杆与电机间螺纹连接，其啮合长度不应小于20mm，且防松零件应齐全紧固。5.吊扇应接线正确，运转时扇叶应元明显颤动和异常声响。6.安装后要及时检查安装质量，确保吊扇运转正常，安装效果如图3-4-17所示。

图3-4-17　吊扇安装

## 3.5　防雷、接地及等电位安装

### 3.5.1　防雷引下线及接闪器安装

◎**工艺难点1：** 屋面金属物，如避雷针、管道、梯子和设备外壳等，未与屋面防雷引下线可靠连接。

#### 解析

1.屋面设备基础、金属构件基础施工时，没有预埋接地线到基础附近，设备及金属构件安装时，无法进行接地。2.技术交底不到位，或施工疏忽，没有可靠接地。

## 正确做法

1.建筑物屋面的栏杆、旗杆、吊车梁、管道、设备、太阳能热水器、门窗、幕墙支架等外露的金属物，必须与防雷接地线可靠跨接，如图3-5-1～图3-5-4所示。2.跨接线采用焊接时，其搭接长度应符合《建筑物防雷工程施工与质量验收规范》GB 50601—2010中4.1.2条的规定，详见表3-5-1。

图 3-5-1　屋面金属管道接地

图 3-5-2　屋面金属爬梯接地

图 3-5-3　屋面风机接地

图 3-5-4　屋面金属栏杆接地

◎**工艺难点2**：引下线、均压环、避雷带搭接长度不够。

## 解析

1.操作人员对规范不熟悉，质量意识不够。2.技术交底不到位，焊接人员焊接技术不熟练。

### 正确做法

圆钢与圆钢搭接、扁钢与扁钢搭接、圆钢与扁钢搭接、扁钢与钢管搭接，其搭接长度、搭接面等应符合表3-5-1的要求。

防雷装置钢材焊接时的搭线长度及焊接方法                    表3-5-1

| 焊接材料 | 搭接长度 | 焊接方法 |
|---|---|---|
| 扁钢与扁钢 | 不应少于扁钢宽度的2倍 | 两个大面不应少于3个棱边焊接 |
| 圆钢与圆钢 | 不应少于圆钢直径的6倍 | 双面施焊 |
| 圆钢与扁钢 | 不应少于圆钢直径的6倍 | 双面施焊 |
| 扁钢与钢管、扁钢与角钢 | 紧贴角钢外侧两面或3/4钢管表面，上、下两侧施焊，并应焊以由扁钢弯成的弧形（或直角形）卡子或直接由扁钢本身弯成弧形或直角形与钢管或角钢焊接 | |

◎**工艺难点3**：接闪带或接闪网跨越建筑物变形缝处时，未采取补偿措施，错误做法如图3-5-5所示。

### 解析

1.建筑物变形缝两侧变形可能不一致，对接闪带或接闪网产生影响，甚至导致接闪带扭曲变形、脱落等现象。2.操作人员对规范不熟悉。

### 正确做法

1.接闪带或接闪网通过建筑物变形缝时，应设置补偿措施。2.避雷网（带）跨越建筑物变形缝时，可以将避雷网（带）向上（或向外）弯曲，制作成Ω弯，正确做法如图3-5-6所示。

图3-5-5  接闪带跨越建筑物变形缝无补偿

图3-5-6  接闪带跨越建筑物变形缝有补偿

## 3.5.2　接地装置安装

◎**工艺难点1**：人工接地极施工时，垂直接地极之间间距过大或接地极长度不够。

### 解析

1.对规范不熟悉，接地极制作时出现下料偏差。2.施工时，遇见坚硬土壤，无法将接地极打入要求的深度，为了填埋方便，甚至将接地极上端部切割掉，剪短了接地极的有效长度。

### 正确做法

1.当设计无要求时，接地装置顶面埋设深度不应小于500mm。角钢、钢管、铜棒、铜管等接地体应垂直配置。人工垂直接地体之间的间距不宜小于5m。人工垂直接地体与建筑物外墙或基础之间的水平距离不宜小于1m。2.垂直接地体通常采用镀锌钢管和镀锌角钢制作，其长度不应小于2.5m。当采用镀锌钢管做接地极时，其管径不应小于DN50，尖端作成斜面形或扁尖形；当采用镀锌角钢接地极，应采用不小于L50×50×5的等边角钢制作，一端加工成尖头形状。3.人工接地接地线开挖沟槽时，沟槽宽宜为500～600mm，沟槽深宜为800～1000mm，并应在冻土层以下。4.扁钢与接地极焊接，为减少散流电阻，应将扁钢侧立放，不可平放。扁钢与钢管或圆钢接地极进行焊接，焊接完后，应将焊接点的药皮和氧化物彻底清除干净，涂刷两道防腐沥青漆。推荐做法如图3-5-7所示。

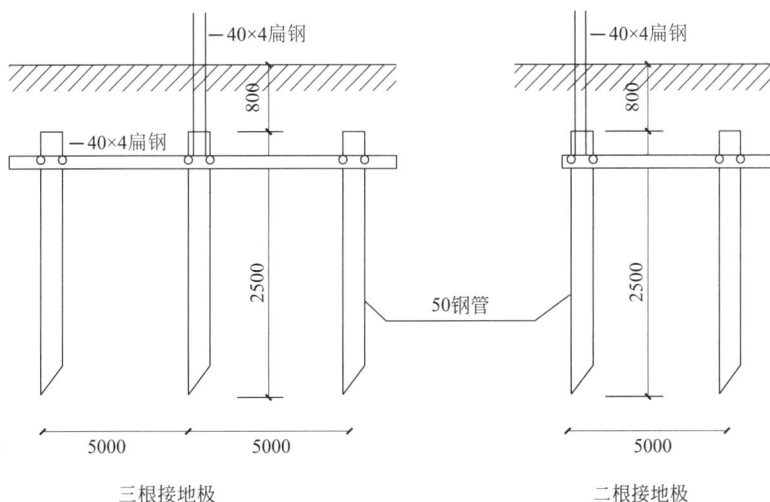

图 3-5-7　接地装置安装示意图

◎**工艺难点2**：接地装置搭接长度不足，且焊接方式有误。

## 解 析

1.操作人员对规范不熟悉，质量意识不够强。2.技术交底不到位，操作人员焊接技术不熟练。

## 正确做法

1.接地装置的焊接应采用搭接焊，除埋设在混凝土中的焊接接头外，应采取防腐措施。接地装置的搭接长度、搭接面等应符合表3-5-1的要求。2.接地装置通常采用热镀锌材质，焊缝处应刷涂沥青漆等进行防腐处理。

### 3.5.3 变配电室及电气竖井内接地干线敷设

◎**工艺难点1**：接地干线采用热镀锌扁钢搭接焊接时，采用T形焊接，搭接长度不够，错误做法如图3-5-8所示。

## 解 析

1.操作人员不熟悉规范。2.技术交底不到位，作业时疏忽大意，产生漏焊。

## 正确做法

1.扁钢与扁钢搭接不应小于扁钢宽度的2倍，不少于三面施焊。2.扁铁搭接处宜采用煨制弯头或成品弯头。3.接地干线支持件应固定可靠，间距应均匀，扁形导体支持件间距宜为500mm；

采用T形搭接倍数不符合要求

**图3-5-8** 扁钢接地干线T形连接

圆形导体支持件间距宜为1m；弯曲部分宜为0.3 ~ 0.5m。4.当沿墙壁水平敷设时，与墙壁的间隙宜为10 ~ 20mm。5.接地干线应涂以15 ~ 100mm宽度相等的黄色和绿色相间的条纹标识；施焊部位，涂刷防锈漆两道，然后涂刷黄绿相间的条纹标识。5.变压器室、高低压配电室、发电机房的接地干线上应设置不少于2个供临时接地用的接线柱或接地螺栓。6.正确做法如图3-5-9 ~ 图3-5-11所示。

图 3-5-9　扁钢接地干线搭接规范

图 3-5-10　配电室墙面明敷接地干线

图 3-5-11　配电室临时接地点

◎**工艺难点2：**接地干线跨越建筑物变形缝时，未采取补偿措施。

## 解析

1.未考虑建筑物沉降发生位移时造成接地干线的扭曲变形。2.操作人员不熟悉规范，技术交底不详细、不到位。

## 正确做法

1.接地干线跨越建筑物变形缝时，应采取补偿措施。2.补偿器可用扁铁自身弯成弧状代替，也可采用同规格扁钢的成品补偿器。详细做法可参考国家建筑标准设计图集《接地装置安装》15D504：接地线过建筑物沉降缝、伸缩缝的安装，正确做法如图3-5-12、图3-5-13所示。

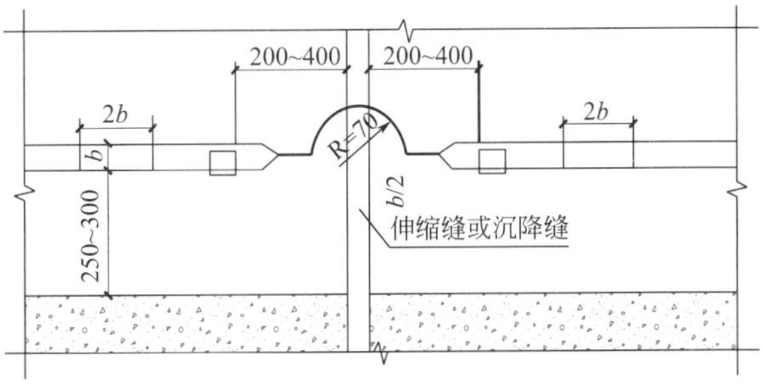

图 3-5-12　接地干线跨越变形缝做法1

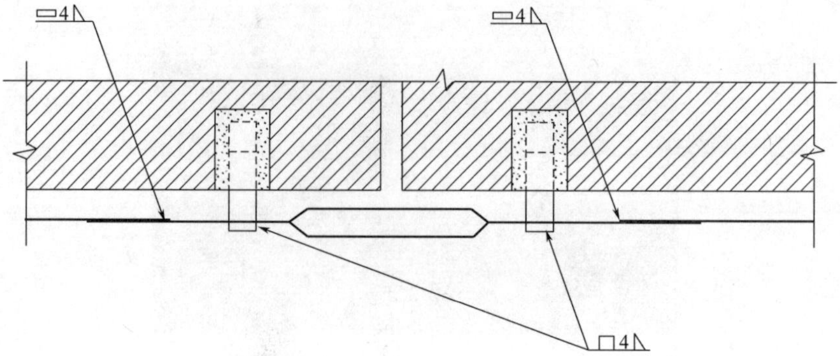

图 3-5-13　接地干线跨越变形缝做法 2

### 3.5.4　建筑物等电位安装

◎**工艺难点1**：卫生间金属管道，淋浴器、浴盆等的金属管配件等，外露可导电的金属部件，未做等电位联结。

**解析**

　　未考虑卫生间为多水房间，在洗浴、洗漱时，容易漏电，外露可导电的金属部件可传送电流，导致人身伤亡事故发生。

**正确做法**

　　1.结构施工过程中，在卫生设备、洗浴设施等的安装位置附近预埋100mm×30mm×3mm的镀锌扁钢作为连接板，并将该连接板与建筑物接地系统焊接为一体。2.浴室、卫生间地面内钢筋网宜与等电位联结线连通，形成局部等电位连接。当墙为混凝土墙时，墙内钢筋网宜与等电位联结线连通。3.等电位干线除注明外，均应采用25mm×4mm的镀锌扁钢在地面内或墙内穿塑料管暗敷设；等电位联结支线除注明外，均应采用BV-1×4mm$^2$的铜线在地面内或墙内穿塑料管暗敷设；等电位端子箱（板）的位置应便于检测。4.等电位安装完毕，应采用等电位联结测试仪进行导通性测试。卫生间等电位做法如图3-5-14、图3-5-15所示。

◎**工艺难点2**：等电位联结导体在地下暗敷时，采用螺栓压接。

**解析**

　　1.等电位联结导体的连接方式有焊接连接和螺栓连接两类。焊接连接一般用

图 3-5-14 卫生间等电位联结

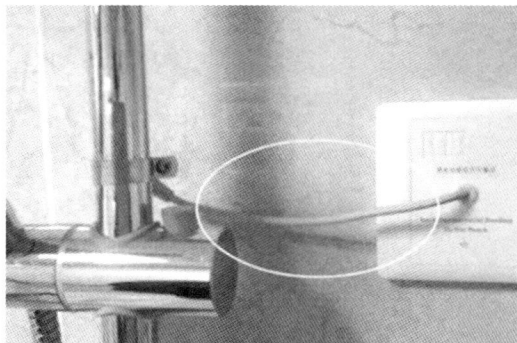

图 3-5-15 淋浴器等电位联结

于永久性连接，螺栓连接一般用于需要检查维修的场合，对于地下暗敷的等电位联结导体平时是不需要维护和检修的，属于永久性连接。2.等电位联结导体一般选用的是铜排或镀锌扁钢，铜排或镀锌扁钢采用螺栓压接时，对压接面的平整度要求较高。

## 💡 正确做法

1.当等电位联结导体在地下暗敷时，其导体间的连接不得采用螺栓压接。2.等电位联结暗敷时，宜采用焊接搭接形式，焊缝应饱满无遗漏，搭接长度应符合《建筑电气工程施工质量验收规范》GB 50303—2015中22.2.2条的规定。3.焊接搭接处应刷油漆进行防腐。

# 第四章 给水排水及采暖工程难点与解析

## 4.1 水暖设备及阀门安装

### 4.1.1 水泵安装

◎**工作难点1:** 水泵进水口异径管选用错误。

### 解析

通常情况下,施工图纸不能反映水泵接口的规格大小,水泵与管道连接时,发现水泵接口尺寸与连接管道管径不一致。当水泵的吸水管道与水泵进水管道中心标高相同时,选用同心异径管连接,或将偏心异径管安装成底平形式,如图4-1-1所示,这种错误做法会导致水泵吸水管和水泵内无法充满水,水泵工作时,泵体和管道内存有部分气体,严重时将产生"气蚀"现象,影响水泵正常工作。

### 正确做法

1.水泵与连接管道安装前应精心设计位置、标高等,水泵进水口与吸水管应同径连接,或采用上平偏心异径管连接。2.水泵出水口应采用同径连接或同心异径管连接。3.异径管的长度不应小于异径管大小管口直径差的5~7倍。正确做法如图4-1-2所示。

图 4-1-1 进水口安装同心异径管

图 4-1-2 进水口安装上平偏心异径管

◎**工作难点2：泵类设备安装缺少减震措施。**

## 解析

1.设备安装前没有进行精细策划，未按照设备运行重量进行减震器选型，或设备与基础间没有减震措施，导致设备运转时震动噪声过大，影响设备正常运行。2.设备基础面层施工未完成，设备已经安装，造成设备减震器（垫）埋入水泥砂浆面层里，起不到减震作用。3.设备与管道连接缺少柔性接头。错误做法如图4-1-3所示。

## 正确做法

1.采用型钢或钢筋混凝土板制作设备减震台，减震台与基础之间安装减震装置，减震台周围安装纵横向约束装置，设备应牢靠固定在减震台上。2.设备基础面层施工完成，达到相应强度后，开始安装设备，注意设备纵向中心轴线应与基础中心线对齐，并找平、找正，设备与减震台连接的地脚螺栓应有防松动措施，成排设备安装应排列整齐。3.设备与管道之间应采用橡胶软接头或金属软管连接。正确做法如图4-1-4所示。

图4-1-3 水泵安装缺少减震

图4-1-4 水泵安装减震措施齐全

◎**工作难点3：水泵进、出口阀门组件安装顺序错误。**

## 解析

水泵的进、出口阀门组件有：变径管、压力表、可曲挠橡胶软接头、止回阀、控制阀等。阀门组件安装顺序错误，原因主要是安装作业人员未严格按照设计图纸施工，对各种阀门仪表的工作原理不清楚，认为阀门安装先后顺序不影响使用效果。

## 正确做法

1.水泵出水口阀门组件安装顺序：变径管→可曲挠橡胶软接头→止回阀→控制阀门。正确做法如图4-1-5所示。2.水泵进水口阀门组件安装顺序：变径管→可曲挠橡胶软接头→（Y型过滤器）控制阀门。正确做法如图4-1-6所示。

图 4-1-5　水泵出水口阀门组件安装

图 4-1-6　水泵进水口阀门组件安装

### 4.1.2　给水水箱安装

◎**工作难点1：** 不锈钢给水水箱直接安装在型钢基础底座上。

## 解析

不锈钢给水水箱（电位较正）和型钢基础底座（电位较负）直接接触，不锈钢给水水箱呈阴极，型钢基础底座呈阳极，存在电位差，在潮湿的环境下会发生电化学反应。随着时间推移腐蚀面积会扩大，从而造成不锈钢给水水箱的损伤，所以不锈钢给水水箱不能直接安装在型钢基础底座上。错误做法如图4-1-7所示。

## 正确做法

采用隔离垫将不锈钢给水水箱和型钢基础底座隔离，如图4-1-8所示。隔离垫的材质通常选用非金属材料，如橡胶垫、石棉垫、聚四氟乙烯等，也可选用金属材料，如不锈钢垫、铝板垫等。

图 4-1-7　不锈钢给水水箱直接安装在型钢基础底座上

图 4-1-8　不锈钢给水水箱衬橡胶垫安装

◎**工作难点2：** 水箱溢流管直接接至排水沟或集水井。

## 解析

施工人员不清楚给水水箱的使用环境是否洁净安全，将水箱溢流管接入排水沟或集水井，但忽略了排水沟内阴暗潮湿的环境容易滋生细菌的问题，将水箱溢流管接入排水沟、集水井或直接与排水管连接，结果造成水箱水质污染。错误做法如图4-1-9所示。

## 正确做法

1.水箱溢流管上不应安装阀门，溢流管应设置在排水地点附近，但不得与排水管直接连接，并应设置不小于200mm的空气间隙。正确做法如图4-1-10所示。2.溢流口不应小于进水管管径的2倍，宜采用水平喇叭口集水，溢流管喇叭口直径不应小于溢流管直径的1.5～2.5倍，喇叭口下的垂直管段长度不宜小于溢流管管径的4倍。

图 4-1-9　溢流管与排污管直连

图 4-1-10　水箱溢流管安装

◎**工作难点3：** 给水水箱顶部与建筑物顶板距离过小，水箱四周未预留检修通道或预留的检修通道太小，安装后不方便检修。

## 解析

水箱顶部与建筑物顶板距离过小，主要原因是设计时未考虑到水箱后期运行时的内部清理及消毒工作。水箱四周未预留检修通道，不能满足后期检修需求。错误做法如图4-1-11所示。

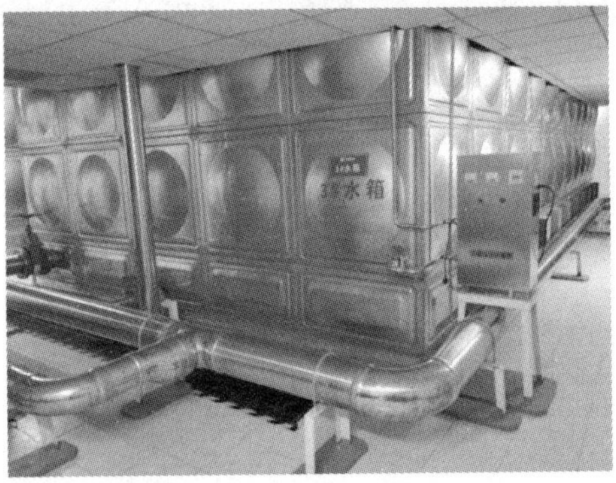

图 4-1-11　水箱顶部与结构顶板距离太小

## 正确做法

1.设有人孔的水箱顶部与建筑顶板的净距离不应小于0.8m，当有管道敷设时，水箱底部与水箱间地面的净距不宜小于0.8m。

2.水箱外壁与建筑结构墙面的净距，应满足施工或装配的要求，无管道的侧面净距不应小于0.7m；安装有管道的侧面净距不应小于1.0m，且管道外壁与建筑墙面之间的通道宽度不应小于0.6m。正确做法如图4-1-12所示。

图 4-1-12　水箱安装

◎**工作难点4：水箱溢流管出水口未设置防虫网。**

## 解析

　　水箱溢流管出水口设置防虫网，是为了防止小动物通过溢流管进入水箱内。施工过程中，安装人员往往忽略防虫网的安装，错误做法如图4-1-13所示。

## 正确做法

　　溢流管出水口应设置防虫网。防虫网使用长度200mm的短管，外用18目铜或不锈钢材质的钢丝网包扎牢固。正确做法如图4-1-14所示。

图4-1-13　出水口未设置防虫网

图4-1-14　出水口设置防虫网

◎**工作难点5：水箱出水口连接的第一个阀门采用对夹式蝶阀。**

## 解析

　　水箱出水口的第一个阀门要求长期处于全开状态，因对夹式蝶阀的结构特点，阀门在使用过程中受到冲击震动时，阀瓣易改变其规定位置，不能确保阀门处于全开状态，造成介质流量达不到设计要求。而且对夹式蝶阀在管道充满水后，开闭时需要较大力矩，甚至会发生开闭困难等情况。因此与水箱出水口连接的第一个阀门不宜采用对夹式蝶阀，错误做法如图4-1-15所示。

## 正确做法

　　与水箱连接的第一个控制阀门不应采用对夹式蝶阀，通常采用闸阀。正确做法如图4-1-16所示。

图 4-1-15  水箱出水口安装对夹式蝶阀          图 4-1-16  水箱出水口安装闸阀

## 4.1.3  水处理设备安装

◎**工作难点：**叠压式（无负压）供水设备进水管管径安装选型错误。

### 解析

叠压式（无负压）供水设备，是一种与市政管网进行串联叠压供水的二次加压供水设备。叠压式（无负压）供水设备，一般采用"差多少，补多少"的二次供水方法，设备成本比较低，不需要水箱或水池，系统为全封闭结构，节省空间，干净无污染。但叠压式（无负压）供水设备的调节能力较差，持续补偿能力不足。因此安装的环境场所限制较多，设备进水管管径选型错误，将导致用户供水无法持续保证，叠压式（无负压）供水设备的使用应满足其安装技术要求。

### 正确做法

1.采用叠压式（无负压）供水设备，市政干管的最低压力应大于等于0.24MPa，且供水量能够得到充分满足。2.引入的进水管直径应比市政干管直径小两级或两级以上，且不大于市政干管过水面积的1/2，进水管流速宜≤1.2m/s，叠压供水设备引入的进水管管径可按表4-1-1选用。正确做法如图4-1-17所示。

叠压式（无负压）供水设备进水管径选型                          表 4-1-1

| 市政干管管径（mm） | 100 | 150 | 200 | 300 | 400 |
|---|---|---|---|---|---|
| 设备引入的进水管管径（mm） | ≤ 50 | ≤ 80 | ≤ 100 | ≤ 150 | ≤ 200 |

图4-1-17　叠压式（无负压）供水设备

## 4.1.4　膨胀水箱安装

◎**工作难点1：开式膨胀水箱安装位置不合理。**

### 解析

在空调闭式循环系统中水受热膨胀时，系统管道的总容积不变，温度越高，系统内压力越大，由于安全阀无法及时泄压，导致管道、阀门、设备将在高压下运行，同时会造成安全阀和补水泵的频繁动作，降低设备阀门使用寿命。为了避免上述情况的发生，通过设置膨胀水箱来容纳多余的膨胀水，平衡水量及压力，避免安全阀频繁开启和自动补水泵频繁补水。若膨胀水箱安装位置低于系统内的末端设备及管道系统的最高点，会导致系统内的水从水箱中溢出，造成系统内存有空气，影响循环，所以应将开式膨胀水箱安装在系统的最高位置。

### 正确做法

在空调闭式循环系统中，开式膨胀水箱应该安装在循环水泵吸水口的回水干管上，应至少高出水管系统最高点1m。如图4-1-18和图4-1-19所示。

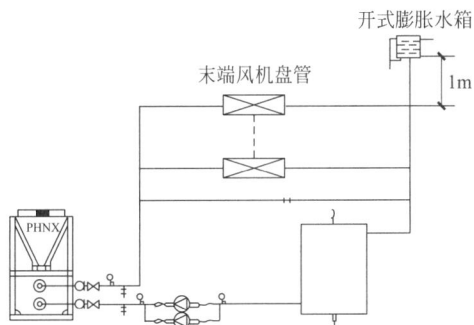

图4-1-18　开式膨胀水箱安装示意图

图 4-1-19　开式膨胀水箱安装

◎**工作难点2：** 膨胀水箱未设置循环管。

## 解 析

当膨胀水箱兼用于供冷和供热两种工况时，为防冬季供热时因水箱内的水结冰造成箱体结构破坏，以至酿成事故，一般在膨胀水箱上要设置循环管。如图4-1-20所示。

## 正确做法

膨胀管和循环管要接在同一条管路上，膨胀管在机械循环系统中接至系统定压点；循环管接至系统定压点前的水平回水干管上，该点与定压点之间，应保持不小于1.5 ~ 3m的距离，使膨胀水箱的水在两连接点压差的作用下处于缓慢流动状态。如图4-1-21所示。

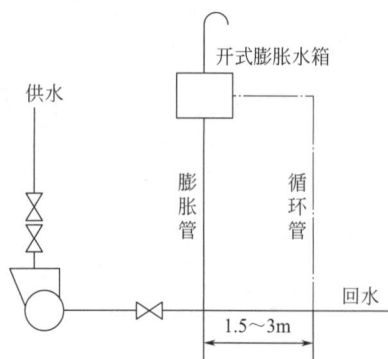

图 4-1-20　循环管安装示意图

图 4-1-21　膨胀水箱安装

## 4.1.5　入户装置安装

◎**工作难点：热力入口装置附件安装不规范。**

### 解析

1.施工操作人员对热力入口装置附件的功能及作用不熟悉，导致安装顺序错误。2.热力入口装置主要仪表、阀门包括：温度计、控制阀门（焊接球阀或闸阀）、压力表、粗过滤器、细过滤器、平衡阀、热量表等。

### 正确做法

1.热力入口装置供、回水管附件安装顺序，应按照图4-1-22所示安装。2.静态水力平衡阀一般安装在供水管上，且应安装在直管段上，阀前直管段长度应不小于5倍的管径，阀后直管段长度不小于2倍的管径。静态水力平衡阀前需装设两级过滤器，粗过滤器为6～10目、细过滤器为60目。3.热量表一般安装在回水管段上，回水管热量表前需设60目细过滤器。热量表表前一般需要6～12倍管径的直管段，表后直管段长度不小于2倍的管径。热量表安装过程中，需保证密封垫片不得突入管道内。4.系统调试、试运行或后期维护时可能存在排水、排气情况，因此热表计量间应设置通风措施。5.热力入口装置供水管、回水管、旁通管、充（泄）水管管径尺寸应符合表4-1-2的要求。安装如图4-1-23所示。

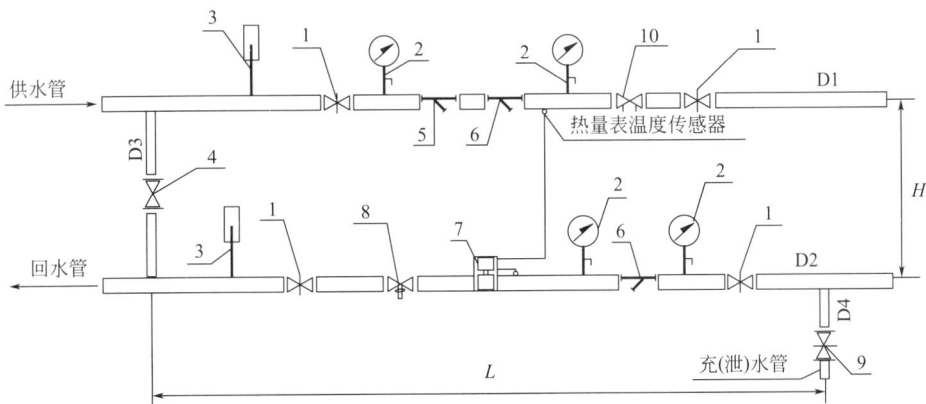

**图 4-1-22　热力入口装置安装示意图**

1—闸阀或焊接球阀；2—压力表；3—温度计；4—旁通阀；5—Y型过滤器（粗）；6—Y型过滤器（细）；
7—热量表；8—压差控制阀；9—泄水阀；10—静态水力平衡阀

热力入口装置供水管、回水管、旁通管、充（泄）水管管径尺寸表 　　表 4-1-2

| D1（mm） | D2（mm） | D3（mm） | D4（mm） | L（mm） | H（mm） |
|---|---|---|---|---|---|
| DN32 | DN32 | DN25 | DN20 | 1800 | 500 |
| DN40 | DN40 | DN25 | DN20 | 1900 | 500 |
| DN50 | DN50 | DN25 | DN25 | 2000 | 500 |
| DN65 | DN65 | DN25 | DN25 | 2300 | 600 |
| DN80 | DN80 | DN32 | DN32 | 2500 | 600 |
| DN100 | DN100 | DN40 | DN32 | 2800 | 700 |
| DN125 | DN125 | DN40 | DN32 | 3000 | 800 |
| DN150 | DN150 | DN50 | DN40 | 3300 | 900 |

图 4-1-23　热力入口装置安装

## 4.1.6　阀门、仪表及附件安装

◎**工作难点1：Y 型过滤器安装不垂直或过滤筒压盖紧贴地面。**

**解析**

施工中统一制作水泵基础时，施工人员没有按照水泵及配管大小调整基础高度，也没注意到不同规格的 Y 型过滤器高度变化较大，安装时出现过滤筒与地面不垂直，或过滤筒压盖紧贴地面，投入使用后无法正常清理的情况。错误做法如图 4-1-24 所示。

### 正确做法

1.安装前熟悉水泵规格、管件大小、配管口径尺寸等技术参数，应用BIM技术进行综合排布，充分考虑水泵基础、减震、过滤器安装高度。2.过滤器水平安装时，过滤筒压盖应垂直于地面，且距离地面不应小于100mm，当过滤器需要保温时距离地面不应小于100mm。3.Y型过滤器介质流向指示与管道介质流向保持一致。正确做法如图4-1-25所示。

图4-1-24　Y型过滤器距离地面太近

图4-1-25　Y型过滤器安装

◎**工作难点2**：*法兰螺栓选用不匹配、安装不规范。*

### 解析

1.施工时未按照法兰、垫片厚度选择螺栓长度，或设备厂家配套提供的法兰螺栓过长，螺栓规格型号不符合要求。2.拧紧螺栓时，螺栓未露出螺母规定长度，影响紧固强度，这可能会导致接口泄漏；外露螺纹过长，易腐蚀氧化、生锈等，检修时增加拆卸困难。错误做法如图4-1-26、图4-1-27所示。

图4-1-26　螺栓未外露

### 正确做法

1.应按照法兰的厚度、密封垫片

图 4-1-27　螺栓外露太长

厚度、螺栓孔直径选配螺栓规格型号，同一法兰使用螺栓规格应型号一致，安装方向一致，紧固螺栓时应对称均匀施拧，紧固后螺栓的外露螺纹应进行防锈处理。正确做法如图4-1-28、图4-1-29所示。2.法兰的衬垫不得突入管内，其外缘到法兰螺栓孔为宜。法兰中间不得放置斜垫片或双衬垫，连接法兰的螺栓直径比法兰螺栓孔小2mm为宜，拧紧后，突出螺母的螺栓长度不应大于螺杆直径的1/2。

图 4-1-28　法兰螺栓安装规范

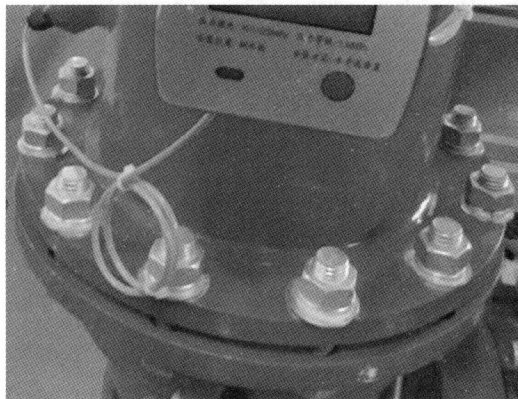

图 4-1-29　螺栓安装外露合理

◎**工作难点3：** 法兰紧固后，两片法兰的螺栓孔、外径错位，轴线不同轴。

## 解析

1.施工人员在紧固法兰或点焊法兰时，未对准法兰孔。2.管道安装位置尺寸有误，导致两法兰孔不能正确对准，而采取了强制方式对孔，造成螺孔错位。错误做法如图4-1-30所示。3.两片法兰规格型号不匹配，螺栓与螺栓孔间隙过大，导致两法兰不同轴，使通流截面积减小，影响流量。

## 正确做法

1.法兰点焊时，首先应检查两片法兰是否匹配，然后再将两片法兰对准螺栓孔，紧固后再点焊。2.两管道法兰接口时，根据固定端测量尺寸。在制作管段时，先预制、组对、试装，确认合适后，再焊接，控制焊接变形。3.法兰紧固时，两法兰平面之间应保持平行，其偏差不得大于法兰外径的1.5‰，且不得大于2mm。若法兰接头错位，不得用强紧螺栓的方法消除错位。法兰孔错位严重时，必须切除法兰，重新对口、点焊、焊接法兰。正确做法如图4-1-31所示。

图 4-1-30　法兰安装螺栓不顺直

图 4-1-31　法兰安装

◎**工作难点4**：阀门安装不符合要求。

## 解析

常见的阀门安装质量通病有阀门安装位置和标高影响操作、维修及使用，阀门方向装反、倒装、手轮朝下，暗装阀门的阀杆远离检查门，明杆闸阀或蝶阀手柄没有操作空间等。以上问题的出现，不是安装前技术交底不到位，就是安装时未充分考虑后期检修及维护空间。错误的安装方法会导致阀门操作检修困难，阀杆朝下往往会造成阀门漏水。

## 正确做法

1.阀体上有箭头标识的，安装时，应使箭头与介质流向相同。明杆闸阀应留足阀杆伸长开启高度，蝶阀应充分考虑手柄转动空间，暗装阀门不但要设置满足阀门开闭需要的检查门，同时阀杆应朝向检查门。2.水平管道上的阀门，阀杆宜垂直安装，不可手轮向下安装。并排水平管道上的阀门应错开安装，以减小管道间距。3.并排立管上的阀门，其中心线标高应一致，且手轮之间净距不小于100mm。立管上的阀门，阀门手轮以距地面1.0 ~ 1.2m为宜，阀杆必须顺着操作方向安装。4.安装螺纹阀门时，为便于拆卸，阀门的出口处应增设活接头。5.在水泵、换热器等设备上安装较重的阀门时，应独立设阀门支架，正确做法如图4-1-32所示。在操作频繁且又安装在距操作面1.8m以上的阀门时，应设操作平台。正确做法如图4-1-33所示。6.安装法兰阀门时，应保证两法兰端面相互平行且同心，沿对角线方向用力均匀拧紧螺栓。7.直埋和地沟内管道上的阀门，应设检查井室，以便阀门的启闭和调节。

图 4-1-32　独立阀门支架

图 4-1-33　阀门检修平台安装

◎**工作难点5：安全阀安装不符合要求。**

## 解析

安装人员缺少阀门安装知识，对施工规范掌握不严；安装阀门时，未考虑方便操作和维修。

## 正确做法

1.安装前认真检查合格证及产品说明书，以明确出厂时的定压情况。安全阀必须垂直安装，并尽量靠近被保护的设备或管道，自被保护的设备到安全阀入口管道最大压力损失不得超过安全阀定压的3%。安全阀前后一般不允许设置切断阀，若出于检修或其他方面的原因需加设切断阀时，切断阀必须处于全启状态，并加铅封，且应有醒目的标识。2.经压力整定且鉴定合格的安全阀，所有外部调节结构应加铅封。3.安全阀的排放管直径不得小于阀门的出口直径，排放管出口应朝向安全地带，排放管引至室外时，应安装弯管。正确做法如图4-1-34所示。

图 4-1-34　安全阀安装

◎**工作难点6：建筑物施工变形缝处，管道补偿安装不规范。**

## 解 析

　　管道补偿装置应根据建筑变形缝的类型选用，不锈钢软管、可曲挠橡胶接头等是隔断管道振动的配件，不具备对管道变形补偿的性能，不应作为管道变形补偿装置使用，错误做法如图4-1-35所示。套筒式补偿器只能用于建筑伸缩缝部位的管道长度方向变形的补偿，不能用于建筑沉降缝、抗震缝的管道补偿；不锈钢波纹补偿器可用于建筑沉降缝、伸缩缝及防震缝的各方向变形的补偿；限位拉杆用于安装时的定位、支撑措施，连接完成后应全部拆除。

图 4-1-35　管道补偿器选型有误

## 正确做法

　　管道支架应分别设置在变形缝两侧的建筑结构上，支架中间安装补偿装置。

当采用套筒式补偿器时，必须保证变形缝两侧的管道同轴，否则补偿器在建筑物变形时将发生卡阻。不锈钢波纹补偿器在安装前应进行预拉伸，限位拉杆在连接完成后应全部拆除。正确做法如图4-1-36所示。

图4-1-36　管道补偿器安装

◎**工作难点7：水表前直管段长度较短或弯头过多。**

**解析**

　　水表前直管段长度较短或弯头过多，会引起水表计量偏差。错误做法如图4-1-37所示。

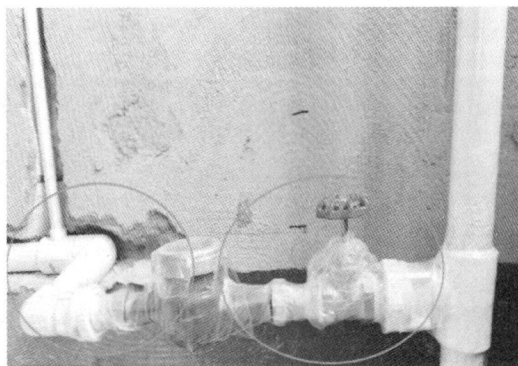

图4-1-37　水表前直管段太短

**正确做法**

　　1.水表箭头方向应与水流方向一致，旋翼式水表的表前应有8～10倍水表接

口直径的直管段，水表后直管段长度不
应小于水表接口直径的5倍；对于其他
水表，表前应有不小于300mm的直线管
段，当支管长度大于1.2m时，应设管卡
固定。2.水表盘应水平，水表前应安装
过滤器，有效阻止水中杂物进入水表。
3.给水立管距墙面过近或过远时，应在
水表前的水平管上加设两个45°弯头，
使水表外壳与墙面保持10～30mm净
距，距地面0.6～1.2m为宜。正确做法
如图4-1-38所示。

图 4-1-38　水表安装

◎**工作难点8：** **不锈钢管道连接碳钢阀门时，不锈钢法兰采用普通螺栓或镀锌螺栓。**

## 解 析

　　不锈钢法兰采用普通螺栓或镀锌螺栓，未采取绝缘措施，将发生电化学腐蚀。
错误做法如图4-1-39所示。

## 正确做法

　　不锈钢法兰连接碳钢阀门，应采用不锈钢螺栓或经过绝缘处理的碳钢螺栓连
接。正确做法如图4-1-40所示。

图 4-1-39　不锈钢法兰采用普通螺栓连接

图 4-1-40　不锈钢法兰连接

◎**工作难点9**：不锈钢管道安装采用型钢支架，未采取措施。

**解析**

不同材质的金属接触面直接连接，将产生电化学反应，加快氧化腐蚀。错误做法如图4-1-41所示。

**正确做法**

不锈钢管道安装在型钢支架上，应增设绝缘材料的衬垫。正确做法如图4-1-42所示。

图4-1-41　不锈钢管道安装缺少衬垫

图4-1-42　不锈钢管道安装加设衬垫

◎**工作难点10**：压力排水阀门组件安装顺序错误，控制阀门安装在中间或最下面。

**解析**

控制阀门安装位置错误可能导致系统维护检修困难，压力监测不准确，防震措施失效。错误做法如图4-1-43所示。

**正确做法**

压力排水阀门及组件安装，应遵循从下至上的原则，阀门及管件中间采用一节短管连接，按照可曲挠橡胶软接头、止回阀、压力表、控制阀门的顺序安装。正确做法如图4-1-44。

图 4-1-43　控制阀门安装位置错误

图 4-1-44　压力排水阀门组件安装

◎**工作难点11：** 压力表与缓冲弯管直接安装，未安装三通旋塞阀。

## 解析

　　压力表阀门组件中三通旋塞阀的作用是连通压力表与管道，需要排气或冲洗缓冲弯管时，通过三通旋塞阀实现排气放水功能。因此压力表前，应该设置三通旋塞阀。三通旋塞阀应安装在缓冲弯管后。错误做法如图4-1-45所示。

## 正确做法

　　压力表阀门组件的正确安装顺序：取源部件、检修阀门、缓冲装置、三通旋塞阀、压力表。取源部件的安装应选在被测物料流速稳定的位置，其端部不应超出设备或管道的内壁。正确做法如图4-1-46所示。

图 4-1-45　压力表安装缺少三通旋塞阀

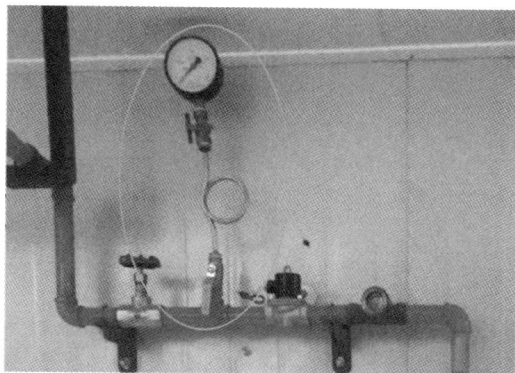

图 4-1-46　压力表安装设置三通旋塞阀

## 4.2 管道及支吊架安装

◎**工作难点1：** 管道穿楼板、墙体缺少套管，或套管安装质量控制差。

### 解析

1.套管管径与管道不匹配，管径过大或过小，套管出楼板高度过高或过低，套管与墙体装饰面不平齐，管道的接口设置在套管内。2.套管安装定位不准确，套管不垂直或与管道中心轴线不同心，同区域套管出楼板标高不一致。错误做法如图4-2-1所示。3.套管与管道之间缝隙未进行防火封堵或封堵不严密。

### 正确做法

1.应选用与管道管径相匹配的钢管，不保温管道套管应比管道大1~2个规格，套管顶部宜高出普通楼地面20mm；多水房间内的套管应高出楼地面50mm；套管底部应与楼板底面平齐，穿墙套管其两端与装饰面平齐。2.套管和管道安装时，应确保套管和管道垂直同心，同区域套管出楼地面高度应一致。3.套管与管道之间空隙应用阻燃、密实、防水的材料填实，端面应平整光滑。4.穿越地下室外墙等有防水要求部位时，应采用防水套管。正确做法如图4-2-2所示。

图4-2-1 套管选型过大

图4-2-2 套管安装高度一致

◎**工作难点2：镀锌钢管螺纹连接时，外露螺纹较多，未做防腐处理。**

### 解析

　　管道螺纹连接主要适用于管径DN≤80mm的镀锌钢管、钢塑复合管等。管道套丝后被破坏的镀锌层表面及外露螺纹部分，未进行防腐处理，容易造成氧化腐蚀，氧化腐蚀生锈后的管道不便于维修拆卸。错误做法如图4-2-3、图4-2-4所示。

图4-2-3　外露麻丝未清理

图4-2-4　外露丝扣过长

### 正确做法

　　1.螺纹连接时，应在管端螺纹外面敷上填料，用手拧入2～3扣，再用管钳一次拧紧，不应倒回，拧紧后，应预留2～3扣螺纹。2.管道连接后，应将挤压到螺纹外面的填料清除掉，填料不应挤入管道内部，以免阻塞管路。3.各种填料在螺纹上只能使用一次，若螺纹拆卸后重新拧紧，应更换新填料。4.安装完成后，做好外露丝扣的防腐。正确做法如图4-2-5所示。

图4-2-5　螺纹连接防腐到位

◎**工作难点3：** *清扫口或检查口设置数量不够，安装位置不正确。*

## 解 析

清扫口是排水横管上用于清通排水管的配件；检查口是带有可开启检查盖的配件，装设在排水立管上及较长横管段上，是检查和清通的配件。随着室内排水系统的使用，难免发生异物堵塞管道的情况，这时就需要通过清扫口或检查口对排水管道进行疏通。若清扫口或检查口设置数量不够，安装位置不当，将会严重影响排水系统后期的维护使用。

## 正确做法

1.排污立管应每隔一层设一个检查口，并在最底层、有卫生器具的最高层、乙字弯等部位设置检查口，检查口中心距操作地面高度一般为1m，允许偏差为±20mm；检查口的朝向应便于检修。暗装立管在检查口处应安装检修门。正确做法如图4-2-6所示。

2.在连接2个及以上大便器或3个及以上卫生器具的污水横管上应设置清扫口。在排水横管上设清扫口，宜将清扫口设置在楼板或地坪上，且应与地面相平，清扫口中心与其端部相垂直的墙面的净距离不得小于200mm；楼板下排水横管起点的清扫口与其端部相垂直的墙面的距离不得小于400mm；排水横管起点设置堵头代替清扫口时，堵头与墙面应有不小于400mm的距离；在转角小于135°的污水横管上，应设置检查口或清扫口。做法如图4-2-7所示。

图4-2-6 立管及检查口设置

图4-2-7 排水支管安装

3. 在管径小于100mm的排水管道上设置清扫口，其尺寸应与管道同径；管径大于或等于100mm的排水管道上设置清扫口，应采用100mm直径清扫口。

4. 排水横管连接清扫口的连接管及管件应与清扫口同径，并采用45°斜三通和45°弯头或由两个45°弯头组合的管件。

# 4.3 卫生器具及采暖设施安装

## 4.3.1 洗脸盆安装

◎**工作难点1：** 施工中，常常发现台下式安装的洗脸盆未设独立支架。

### 解析

台下式洗脸盆安装时，缺少独立支架、与石材台面板共用支架，造成台下式洗脸盆安装不牢固，后期检修、更换困难等。错误做法如图4-3-1所示。

### 正确做法

台下式洗脸盆应设置附墙安装的独立支架，且支架可拆卸，以便维修，台面与洗脸盆上口打胶密封。严禁台下式洗脸盆粘接在石材台面板下的安装方式。正确做法如图4-3-2所示。

图 4-3-1 洗脸盆安装缺少独立支架

图 4-3-2 洗脸盆安装设置独立支架

◎**工作难点2：** 洗脸盆的下水管与排水管接口处未设置密封圈。

### 解析

洗脸盆的下水管与排水管接口处未设置密封圈，或封堵不严密，臭气会通过交接处的缝隙溢出。错误做法如图4-3-3所示。

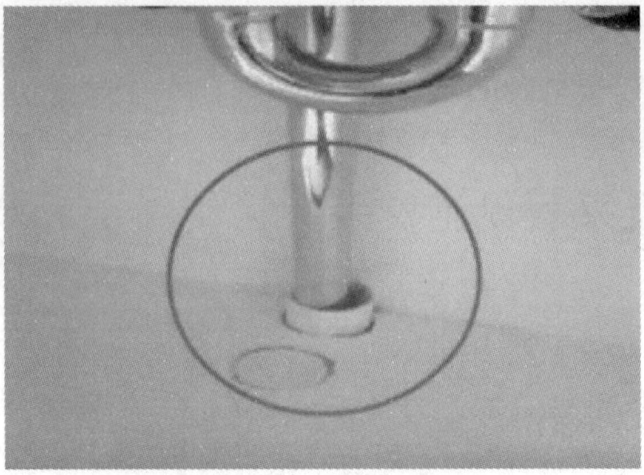

图 4-3-3　下水管安装密封不严

## 正确做法

　　洗脸盆的下水管与排水管接口处间隙，应采用沥青麻丝或硅胶填塞密实，然后加盖不锈钢装饰圈。正确做法如图4-3-4所示。

图 4-3-4　下水管安装密封严密

### 4.3.2　拖把池安装

◎**工作难点：** 落地式成品拖把池安装固定不牢靠，水龙头安装高度过高。

## 解析

　　落地式成品拖把池安装不牢靠，安装时只在拖把池靠墙安装的结合面填充玻璃胶，未采用膨胀螺栓等安装固定。拖把池的稳定性较差，不能满足日常使用要求，使用过程中易造成拖把池的掉落、破损，甚至发生伤人的风险。

## 正确做法

1.如设计没有明确要求，落地式成品拖把池的安装高度，自地面至拖把池的上边缘应为500mm，其安装应采用预埋螺栓固定牢靠，或采用膨胀螺栓通过拖把池的螺栓孔，将拖把池可靠固定在墙面。2.如设计无明确要求，水龙头配件中心距地面高度应为800mm。如图4-3-5、图4-3-6所示。

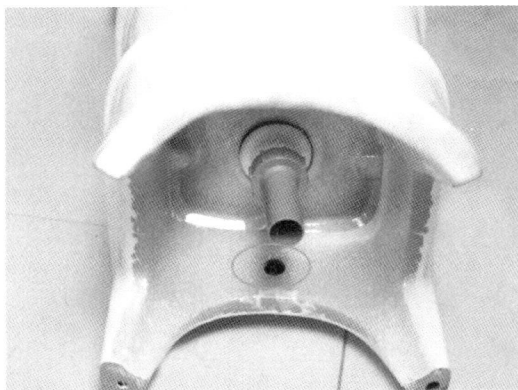

图4-3-5 拖把池固定螺栓孔

图4-3-6 拖把池安装稳固

### 4.3.3 小便器安装

◎**工作难点：** 小便器冲洗水管与小便器进水管中心线水平位移偏差较大。

## 解 析

小便器进水管预留接口位置水平位移偏差较大，小便器安装完成后，冲洗水管与进水管无法对齐，影响使用功能。

## 正确做法

1.冲洗水管与小便器进出水管中心线应对准重合。连接角阀时，应将通往小便器的短管拆卸下来，连同压盖用油灰安装在小便斗上端的进水口上。2.多个小便器并列安装时，其相邻两个小便器的中心距不应小于700mm，排列整齐，高度一致，间距均匀。3.成人小便器安装高度，开口中心点距地面为600mm，儿童小便器的开口中心点距地面为450mm，自动感应冲水器的安装高度宜为1200mm。

4.如果卫生间的墙地面采用块材饰面，小便器还应与墙地面对缝或骑缝安装。正确做法如图4-3-7、图4-3-8所示。

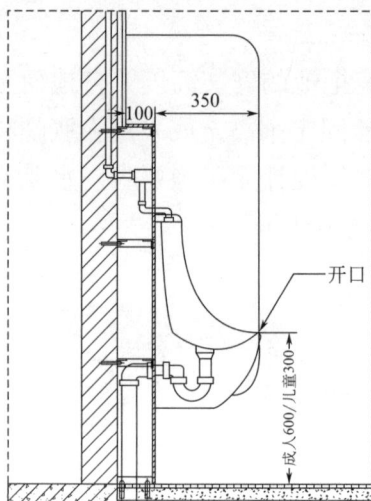

图 4-3-7　小便器安装示意图　　　图 4-3-8　小便器安装

### 4.3.4　蹲便器安装

◎**工作难点：**蹲便器安装完成面高于装饰面，或低于装饰面太多，蹲便器四周封堵不严密。

**解 析**

　　1.蹲便器安装完成面比装饰面低太多，蹲便器四周与装饰面之间收边收口难度大，而且踩踏面易积脏水，影响使用。2.蹲便器安装完成面比装饰面高，蹲便器四周易积污水，弄湿鞋底。3.蹲便器四周封堵不严密，易产生污水渗漏，或产生臭气外溢，影响使用功能。错误做法如图4-3-9所示。

**正确做法**

　　1.一般情况下，蹲便器安装完成面应与装饰面平齐，如果实际施工中有困难，可略低于装饰面2～3mm，四周装饰面略显有坡度即可，这样既保证能走水，又便于封堵和打胶处理，也保证了观感质量。2.蹲便器的脚踏式自闭冲洗阀安装高度为150mm，并朝向侧面；手动式自闭冲洗阀安装高度为600mm；红外感应自闭冲洗阀安装高度为250～350mm。3.如果卫生间的墙地面采用块材饰面，蹲便器还应与墙地面对缝或骑缝安装。正确做法如图4-3-10所示。

图4-3-9　蹲便器安装面过高

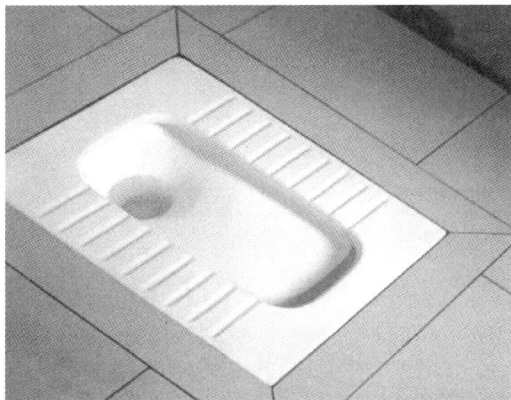

图4-3-10　蹲便器安装与瓷砖面平齐

## 4.3.5　坐便器安装

◎**工作难点：坐便器安装不牢固。**

### 解析

　　安装坐便器时，卫生间防水、瓷砖已铺设完成，安装膨胀螺栓容易破坏防水或瓷砖装饰面。目前市场上的坐便器往往自重比较大，故直接将坐便器安装在地砖上，为了防止返臭，将坐便器的预留螺栓孔仅用玻璃胶进行封堵，这种做法往往会留下渗漏隐患。

### 正确做法

　　确定坐便器的规格型号，在卫生间防水施工前，根据坐便器的预留螺栓孔位置埋设固定螺栓。如图4-3-11、图4-3-12所示。安装坐便器时，应将坐便器底部的杂物清理干净，用砂灰料找正找平，安装稳固后，不得随意晃动。紧固预埋螺栓，将坐便器底部挤压出的余料清理干净，待干燥后，用防水密封胶对坐便器周边进行密封，防水密

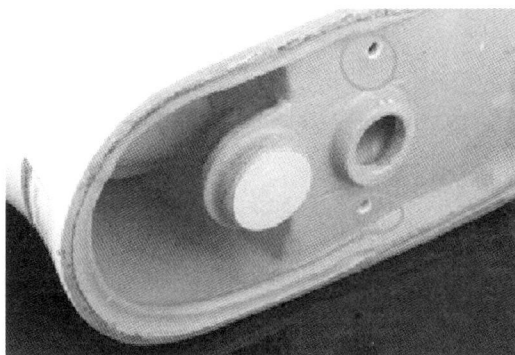

图4-3-11　坐便器螺栓孔

封胶应涂抹均匀、光滑密实。如图4-3-13、图4-3-14所示。

图 4-3-12　坐便器预埋螺栓安装

图 4-3-13　坐便器安装打胶严密

图 4-3-14　坐便器安装

## 4.3.6　淋浴器安装

◎**工作难点：**淋浴器混合阀冷热水接口连接错误。

### 解析

　　一般市场上的淋浴器混合阀的冷热水接口中心距是150mm，带有两个S接头，可以适当调整距离，误差不能超过10mm。混合阀冷热水接口一般按照"左热右冷"的原则，这样规定是根据人体行为习惯：下意识的往右打开阀门，避免烫伤事故发生。

## 正确做法

正对淋浴器混合阀接水口，左侧接热水进水管，右侧接冷水进水管。淋浴器混合阀安装应水平，安装高度若设计无要求时，淋浴器喷头下沿距地高度为2100mm，混合阀中心距地面高度为1150mm。如图4-3-15、图4-3-16所示。

图4-3-15 淋浴器安装

图4-3-16 混合阀安装

### 4.3.7 浴盆安装

◎**工作难点：** *浴盆水龙头安装高度不合理。*

## 解 析

浴盆水龙头安装高度不合理，会造成后期使用不方便。经调研，普遍认为挂钩距地面1.8m，使用比较方便。

## 正确做法

若设计无要求，浴盆软管淋浴器挂钩的安装高度宜为1.8m。浴盆水龙头（上配水）配件中心距地面高度应为670mm，冷热水龙头的中心距应为150mm。正确做法如图4-3-17、图4-3-18所示。

图 4-3-17 浴盆水龙头安装

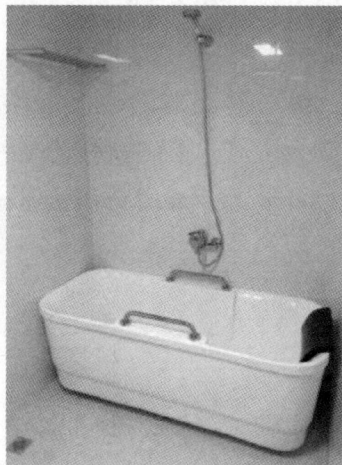

图 4-3-18 浴盆软管淋浴器安装

## 4.3.8 地漏安装

◎**工作难点：**地漏排水不通畅、返臭。

### 解析

地漏防臭芯、地面排水坡度、排水管道堵塞都可能影响排水效果，进而造成地面积水。通常情况下，地漏一般安装在防水层上面，地漏四周积水可能造成楼板渗漏；地漏水封尺寸过小时，影响水封的存水量；地漏内的水蒸发完后，污水管内的臭气将返溢至室内。错误做法如图4-3-19所示。

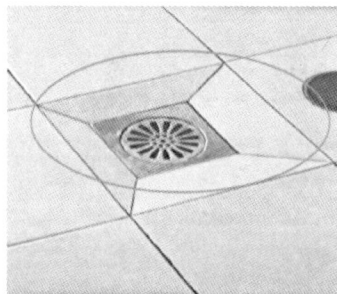

图 4-3-19 地漏安装过低

### 正确做法

1.地漏应避开人上厕所时常站的位置，并应位于地面最低处，低于地面2～5mm。2.地漏在安装时应与装修单位密切配合，瓷砖地面应居中套割安装，地漏与周边防水层接触要严密、无破损。3.地漏在防水层上安装应设置二次排水装置，或选用带二次排水功能的地漏。4.地漏水封高度符合规范要求，确保水封高度不低于50mm，避免因水蒸发或气压波动影响隔气效果。正确做法如图4-3-20所示。

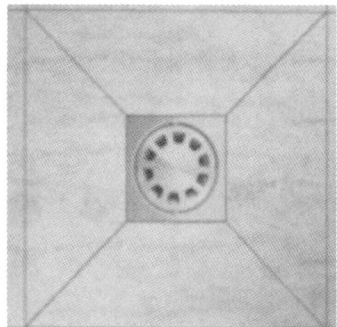

图 4-3-20 地漏安装居中套割

## 4.3.9 散热器安装

◎**工作难点**：散热器安装位置不合理。

### 解析

因为热量自下而上散发，损失较小，所以明装散热器的安装应遵循宜低不宜高的原则，通常将明装散热器安装在窗台下。

### 正确做法

1.散热器安装应保证垂直度与水平度，固定卡、托钩安装位置应准确、平正、牢固，与散热器紧密接触。2.散热器安装在窗台下时，散热器中心应与窗口中心对正。3.散热器挂装，设计无要求时，距地面高度一般不低于150mm，上部距窗台板下表面不小于50mm，且散热器表面不得高于窗台标高。4.散热器背面与装饰后的墙表面距离应为30mm。正确做法如图4-3-21、图4-3-22所示。

图 4-3-21　散热器在窗台下安装

图 4-3-22　散热器安装

## 4.3.10 暖气支管及附件安装

◎**工作难点1**：热水管道异径管安装不规范。

### 解析

上供下回的热水干管变径应采用顶平偏心连接，便于空气的排出。蒸汽干管变径应采用底平偏心连接，便于凝结水的排出。

## ✅ 正确做法

1.上供下回式系统的热水干管变径应采用顶平偏心连接。2.蒸汽采暖系统的干管变径应采用底平偏心连接。

◎**工作难点2：散热器支管安装不牢固，坡向不符合规范要求。**

## 📖 解 析

错误的认为散热器支管管径较小，不用设独立管卡。采暖系统运行一段时间后，因缺少管卡固定，管道易发生纵向位移，甚至形成倒坡，不利于支管排气和泄水。

## ✅ 正确做法

1.散热器支管长度超过1.5m时，应在支管上安装管卡；散热器支管安装坡度应为1%，坡向应利于排气和泄水。2.与采暖立管连接的散热器供水支管，应坡向散热器，与采暖立管连接的散热器回水支管应坡向立管。3.散热器与管道连接应加活接头。正确做法如图4-3-23、图4-3-24所示。

图 4-3-23　散热器支管支架安装

图 4-3-24　散热器支管坡度正确

### 4.3.11　地辐热采暖安装

◎**工作难点1：管道敷设时未按规范要求铺设绝热层、盘管间距不一。**

## 📖 解 析

作为散热部件的盘管，在供回水温度一定时，其散热量取决于盘管的管径及间距。为保证足够的散热量，施工中应严格控制盘管间距、卡距等。错误做法如图4-3-25所示。

## 正确做法

1.加热盘管管径、间距和长度应符合设计要求，间距偏差不大于±10mm。2.加热盘管应固定牢固，管道弯曲半径合理，管道出地面甩口位置准确，管道出地面处加波纹套管，管道埋地部分不应有接头。3.管道隐蔽前应进行水压试验，合格后方可隐蔽。

◎**工作难点2**：加热盘管施工时未按要求设置伸缩缝。

## 解析

伸缩缝的设置是为了防止辐射采暖填充层地面由于采暖引起的热胀冷缩而被破坏，伸缩缝设置不合理，引起填充层地面裂缝，装修时需要花费大量精力对地面裂缝进行处理。

## 正确做法

1.当地暖面积超过30m²或边长超过6m时应设置伸缩缝，伸缩缝宽度不应小于8mm，一般采用密度为20kg/m²的聚苯乙烯泡沫塑料板，厚度为20mm。2.伸缩缝应从结构层上做到填充层的上边缘，也可采用绝缘层的上边缘到填充层的上边缘。正确做法如图4-3-26所示。

图4-3-25　加热盘管间距不均匀

图4-3-26　加热盘管安装间距均匀

◎**工作难点3**：加热盘管弯曲部分曲率半径较小。

## 解析

加热盘管弯曲部分曲率半径较小，会使水流通面积减小，并可能导致管材损坏，弯曲时应予以避免。错误做法如图4-3-27所示。

## 正确做法

加热盘管弯曲部分不得出现硬折弯现象，塑料管曲率半径不应小于管道外径的8倍，复合管曲率半径不应小于管道外径的5倍。正确做法如图4-3-28所示。

图 4-3-27　加热盘管弯曲半径过小

图 4-3-28　加热盘管弯曲合理

◎**工作难点4：** 加热盘管出地面至分水器、集水器连接处，弯管部分露出地面装饰层，未设置保护套管。

## 解析

加热盘管弯管部分应设置在填充层内，这样做可以使加热盘管在热胀冷缩时得以固定。设置塑料套管或波纹套管最重要的作用是保护加热管，同时还可以防止加热盘管受室内灯光或紫外线的照射，减少加热盘管使用寿命。

## 正确做法

1.加热盘管出地面至分水器、集水器连接处，弯管部分不宜露出地面装饰层。
2.加热盘管露出地面处，应加设塑料套管或波纹套管，套管应高出装饰面150～200mm，同时在加热盘管出地面转弯处安装管卡固定。正确做法如图4-3-29、图4-3-30所示。

图 4-3-29　出地面管设置套管

图 4-3-30　分水器、集水器安装

# 4.4　消防设施及消防组件安装

## 4.4.1　消防、喷淋泵安装

◎**工作难点：**可曲挠橡胶软接头与水泵本体距离过大，水泵进出口处管段过长。

### 解析

可曲挠橡胶软接头远离水泵，水泵进出口处管段过长，无法与水泵的隔震器综合考虑支架的安装，从而使可曲挠橡胶软接头及水泵隔震措施失效，水泵的震动将通过管道支架传至地面。错误做法如图 4-4-1 所示。

### 正确做法

可曲挠橡胶软接头应安装在水泵的进出口处，水泵隔震器安装时不得将隔震器埋入基础或地面中，隔震器安装位置应受力均匀，不应有偏心或变形现象。水泵出水管道的重量不应直接支撑在水泵泵体上，应单独设置支吊架。当采用垫铁施工时，每个地脚螺栓旁边至少应有一组垫铁，每组垫铁不宜超过 5 块，并应将各垫铁相互固定并焊牢。地脚螺栓在预留孔内居中垂直安装，螺母与垫圈、垫圈与设备底座间的接触均应紧密，拧紧螺母后，螺栓露出螺母的长度应为螺栓直径的1/2，并在外露处涂上润滑油以免生锈。正确做法如图4-4-2所示。

图4-4-1　消防水泵安装隔震失效

图4-4-2　消防水泵安装

### 4.4.2　报警阀组安装

◎**工作难点1：湿式报警阀组后主管道上未安装信号阀。**

### 解析

图4-4-3　湿式报警阀组缺少信号阀

湿式报警阀组后主管道上未安装信号阀，虽不影响报警阀的正常功能，但从系统的维护方面考虑，湿式报警阀出口应安装信号阀，否则一旦报警阀发生故障，更换将极为不便，要将系统立管内的水全部放空，甚至要将整座建筑的自动喷水灭火系统内立管的水全部放空才能更换。即便系统设置了快速放空功能，但在放空、再次充水时间段内系统将退出准工作状态，建筑物将处于失去自动喷水灭火系统保护的状态。因此应该在报警阀出口安装信号阀。错误做法如图4-4-3所示。

### 正确做法

1.湿式系统报警阀出口缺少信号阀的问题应在图纸会审阶段发现，并与设计单位沟通、确认。快速泄水系统无法替代报警阀出口信号阀的功能,应在湿式报警阀组后主管道增设信号阀。2.湿式报警阀应安装在明显且易于操作的位置上,距地面高度为1.2m,两侧距墙不小于0.5m,正面距墙或其他障碍物不小于1.2m,地面应设有排水设施。3.报警阀组安装应符合产品说明书及设计要求,控制阀应采用信号阀或配置能够锁定阀板位置的锁具,确保水源控制阀工作状态处于常开状态。正确做法如图4-4-4所示。

图4-4-4 湿式报警阀组安装

◎**工作难点2:** 报警阀与上部对夹式蝶阀直接连接。

## 解析

1.报警阀出口的对夹蝶阀与报警阀直接连接,当蝶阀完全开启时,蝶阀的阀瓣将侵入报警阀上腔,并使报警阀的阀瓣无法向上开启或无法完全开启,严重影响系统的正常工作,造成水流量不能满足设计要求,存在安全隐患。2.对夹蝶阀不应与其他部件直接连接是由对夹蝶阀的构造决定的,对夹蝶阀的阀体厚度小于阀门口径,所以开启后部分阀瓣将从阀体中伸出,进入与之相连接的管道、部件、设备中。因此,对夹蝶阀不能与其他部件、设备直接连接,只能通过前后连接管道安装。错误做法如图4-4-5所示。

## 正确做法

对夹式蝶阀与报警阀之间应用法兰短管连接,法兰短管长度宜为150 ~ 250mm。正确做法如图4-4-6所示。

图 4-4-5　报警阀组与对夹蝶阀之间缺少短管

图 4-4-6　湿式报警阀组安装

### 4.4.3　水锤吸纳器安装

◎**工作难点：**活塞式水锤吸纳器垂直安装，且每台消防水泵出水管单独安装一个。

## 解 析

1.活塞式水锤吸纳器的内部有密闭的容气腔，下端装有活塞，当冲击波传入水锤吸纳器时，水击作用于活塞上，活塞将往容气腔方向运动，活塞运动的行程与容气腔内的气体压力、水击波大小有关，活塞在一定压力的气体和不规则的水击双重作用下，做上下运动，形成一个动态的平衡，这样就有效地消除了不规则的水击震荡，保护了管路不受破坏。若垂直安装在泵的出口，虽能消除一部分水击震荡，但水锤还是会进入管路破坏阀门和设备，起不到有效的保护作用。2.每台消防水泵出水管单独安装一个水锤吸纳器，是因为《消防给水及消火栓系统技术规范》GB 50974—2014中图示水锤消除器画法范例误导，再加上施工者对水锤吸纳器理解偏差造成的，活塞式水锤吸纳器应水平安装在消防水泵出水总管上拐点处旁接。错误做法如图4-4-7所示。

## 正确做法

消防水泵房采用的水锤吸纳器，宜采用活塞式水锤吸纳器。水锤吸纳器宜设置在靠近水泵出水口的拐点处，并水平安装；充气胶胆式水锤吸纳器宜设置在水泵出水口止回阀或水泵控制阀后，宜水平安装，也可立式安装。正确做法如图4-4-8所示。

图 4-4-7　水锤吸纳器立式安装

图 4-4-8　水锤吸纳器水平安装

### 4.4.4　消防水箱安装

◎**工作难点1：**屋面高位消防水箱液位计采用普通液位计。

### 解 析

1.高位消防水箱，通常采用的玻璃管（板）液位计或透明胶管液位计，液位显示部分和介质不能完全隔离，当水箱内的介质受污染时，显示条受污染介质影响，导致液位观测受到影响；玻璃管（板）液位计，因温度或压力变化较大时容易产生破裂，导致无法观测水箱液位。2.磁性浮子液位计又叫磁翻板或磁翻柱液位计，是以磁性浮子为感应元件，并通过磁性浮子与显示色条中磁性体的耦合作用，反映被测液位或界面的测量仪表。其工作原理是：磁性浮子式液位计和被测容器形成连通器，保证被测量容器与测量管体间的液位相等。当液位计测量管中的浮子随被测液位变化时，浮子中的磁性体与显示条上显示色标中的磁性体作用，使其翻转，红色表示有液，白色表示无液，以达到就地准确显示液位的目的，有效克服了玻璃管（板）液位计或透明胶管液位计使用过程的不足。

### 正确做法

屋面高位消防水箱液位计宜采用磁性浮子液位计。如图 4-4-9、图 4-4-10 所示。

◎**工作难点2：**消防水箱四周未预留检修通道。

### 解 析

消防水箱间空间狭小，设计时未考虑到水箱间设备安装后的实际空间，从而导致未预留足够空间的检修通道。错误做法如图4-4-11所示。

图 4-4-9　磁性浮子液位计

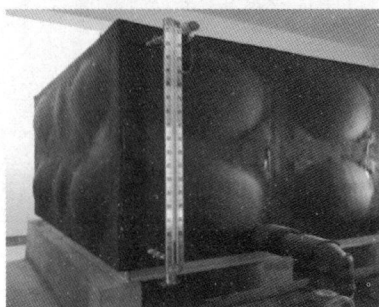

图 4-4-10　磁性浮子液位计安装

## 正确做法

《自动喷水灭火系统施工及验收规范》GB 50261—2017中4.3.3条规定：高位消防水箱无管道的侧面，净距不宜小于0.7m；安装有管道的侧面，净距不宜小于1.0m，且管道外壁与建筑本体墙面之间的通道宽度不宜小于0.6m，设有人孔的水箱顶，顶板面与上方建筑本体板底的净空不应小于0.8m，拼装形式的高位消防水箱底与所在地坪的距离不宜小于0.5m。正确做法如图4-4-12所示。

图 4-4-11　消防水箱离墙距离太近

图 4-4-12　消防水箱安装

### 4.4.5　水力警铃安装

◎**工作难点**：水力警铃安装在报警阀间、水泵房内，报警阀与水力警铃之间未设置延迟器。

## 解 析

1.将水力警铃安装在报警阀间、水泵房内,当水力警铃报警时声音传播受阻,可能会导致值班人员未发现警铃报警。2.延迟器设置在报警阀与水力警铃之间的信号管道上,防止供水压力波动时,少量液体从报警管道中流出,造成警铃误动作。错误做法如图4-4-13所示。

图 4-4-13  警铃位置有误

## 正确做法

1.水力警铃应安装在有人通行的走廊或值班室的外墙上,并安装检修和测试用的阀门。2.报警阀与水力警铃之间的信号管道上应设置延迟器,延迟器至水力警铃应采用DN20或DN15的镀锌钢管,当采用DN15钢管时,其长度不应超过6m;当采用DN20钢管时,其长度不应超过20m;水力警铃安装处应有明显的标识。正确做法如图4-4-14、图4-4-15所示。

图 4-4-14  湿式报警阀安装

图 4-4-15  水力警铃安装在走廊

### 4.4.6  消火栓箱安装

◎**工作难点1:** 消火栓在消防箱内安装位置和标高不符合规定,影响启闭使用。

## 解析

1.未按施工规范及《室内消火栓安装》15S202图集施工。2.消火栓箱尺寸小于规定值，栓口无法朝外，栓口不应安装在门轴侧，主要是为了火灾时取用方便。错误做法如图4-4-16所示。

## 正确做法

1.室内消火栓应按国家建筑标准设计图集施工，消火栓箱规格、尺寸必须满足消火栓安装要求，栓口应朝外，不得倾斜，并不应安装在门轴侧，消火栓箱门开启角度不应小于120°。2.乙型单栓消火栓安装时，消火栓口中心距地面应为1.1m，允许偏差±20mm；消火栓中心距箱侧面为140mm，距箱后内表面为100mm，允许偏差±5mm；消火栓箱体安装的垂直度允许偏差为3mm。正确做法如图4-4-17所示。

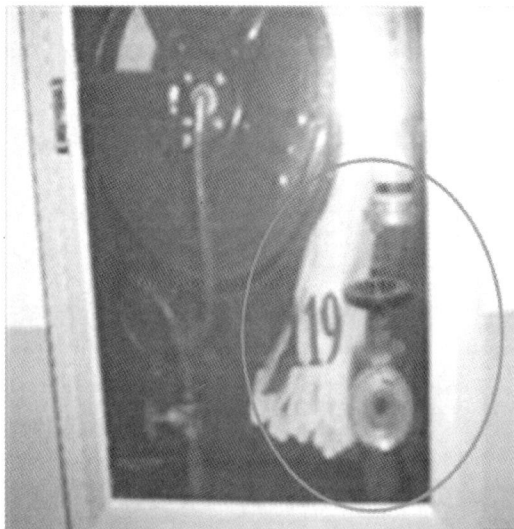

图4-4-16 栓口安装在门轴处

图4-4-17 消火栓箱安装

◎**工作难点2：消火栓箱内配置不齐全。**

## 解析

对消防工程验收规范不熟悉，未按国家建筑标准设计图集加工消火栓箱和配置消防器材。

### 正确做法

1.消火栓箱应按国家建筑标准设计图集加工和安装，栓门要用玻璃门，严禁使用铁皮门。玻璃门应标有明显的红色"消火栓"和"火警119"字样。2.水龙带宜选用尼龙涂胶带或棉织涂胶水带，消防箱内消火栓阀、水枪、水龙带必须按设计规格配置齐全，必须选用消防部门批准生产的合格产品。3.消火栓、水龙带、水枪、自救卷盘及挂架安装完成，水龙带与消火栓和快速接头要用16号铜丝绕2～3道，每道缠紧3～4圈，扎紧后将水龙带和水枪挂在箱内挂架上。正确做法如图4-4-18所示。

图4-4-18　消火栓箱安装配件齐全

### 4.4.7　喷淋头安装

◎**工作难点1：**喷淋头与障碍物距离过近。

### 解析

喷淋头与结构梁等物体距离过近，将影响喷淋头的喷洒范围。错误做法如图4-4-19所示。

### 正确做法

直立型喷头垂直安装距顶距离为75～150mm。侧喷头应与墙面垂直安装，距顶距离为150～300mm。喷头与障碍物的安装距离应符合《自动喷水灭火系统施工及验收规范》GB 50261—2017第5.2.8～5.2.14条的规定。正确做法如图4-4-20所示。

◎**工作难点2：**防晃支架与末端喷头距离过大或过小。

### 解析

末端喷头与防晃支架之间的距离不能过远，否则在喷头工作时将发生剧烈的晃动，甚至损坏喷头下部的管道接口。喷头与防晃支架之间的距离，即两者之间的管道长度应为300 ~ 750mm。错误做法如图4-4-21所示。

## 正确做法

1.管道支吊架的安装位置，不应妨碍喷头的喷水效果；管道支吊架与喷头之间的距离，不宜小于300mm；与末端喷头之间的距离，不宜大于750mm。2.当管道的公称直径DN≥50mm时，每段配水干管或配水管设置防晃支架不应少于1个，且防晃支架的间距不宜大于15m；当管道改变方向时，应增设防晃支架。正确做法如图4-4-22所示。

图4-4-19　喷淋头离梁太近

图4-4-20　喷淋头安装

图4-4-21　防晃支架安装距离太远

图4-4-22　防晃支架安装

## 4.4.8　末端试水装置安装

◎**工作难点：**末端试水装置未安装试水喷嘴。

## 解 析

喷淋系统末端试水装置是测试系统工作性能的重要组件。其工作原理是当打开该装置后，该装置所在防火分区的水流指示器应动作，并向消防控制中心反馈信号，之后报警阀压力开关应动作，并启动消防水泵向管网供水。末端试水装置打开之后，介质流量应与该分区最小流量喷头一致，即当仅开放一只最小流量喷头时，整个系统就应可靠动作。错误做法如图4-4-23所示。

## 正确做法

末端试水装置应按规范规定装设试水喷嘴，其口径应为末端试水装置所在系统最小流量系数喷头的口径。建议直接采用该楼层或所在防火分区内最小流量系数喷头作为试水喷嘴，去掉喷头的热敏原件、去掉喷头轭臂（溅水盘支架)即可。模拟喷头开放的环境应为无障碍、无干扰的孔口出流。正确做法如图4-4-24所示。

图4-4-23　末端试水装置缺少喷嘴

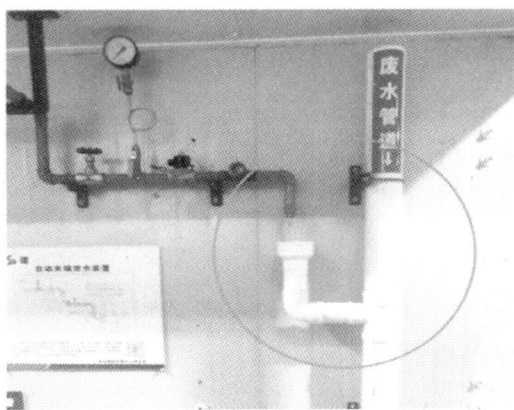

图4-4-24　末端试水装置安装

### 4.4.9　消防水泵接合器安装

◎**工作难点1：** 消防水泵接合器的安装位置不合理。

## 解 析

1.消防水泵接合器安装位置，应便于火灾时消防车取水，且便于消防员救火时快速操作。墙壁式消防水泵接合器安装位置不宜低于0.7m，是考虑消防队员将水龙带对接消防水泵接合器接口时便于操作；消防水泵接合器与门、窗、孔、洞保持不小于2m的距离，主要从两点考虑：一是火灾发生时消防队员能靠近对接消防水泵接合器，避免火舌从洞孔冒出燎伤队员；二是避免消防水龙带被烧坏而失去作用。2.地下式消防水泵接合器安装，应使进水口与井盖底面的距离不大于0.4m，且不应小于井盖的半径，主要是为了对接方便和保护设备防冻。

### 正确做法

1.墙壁消防水泵接合器的安装高度距地面宜为0.7m；与墙面上的门、窗、孔、洞的净距离不应小于2m，且不应安装在玻璃幕墙正下方。2.地下消防水泵接合器的安装，应使进水口与井盖底面的距离不大于0.4m，且不应小于井盖的半径；水泵接合器应设在室外便于消防车使用的地点，且距室外消火栓或消防水池的距离不宜小于15m，不宜大于40m。正确做法如图4-4-25、图4-4-26所示。

图 4-4-25　地上式消防水泵接合器

图 4-4-26　地下式消防水泵接合器

◎**工作难点2：**自动喷水灭火系统的消防水泵接合器、消火栓系统的消防水泵接合器，未设置用于区别的永久性固定标识。

### 解析

消防水泵接合器主要作用是火灾发生时，向系统补充水。火灾发生后，十万火急，由于没有明显的类别和区域标识，关键时刻找不到位置，不能及时准确补水，造成不必要的损失。

### 正确做法

自动喷水灭火系统的消防水泵接合器、消火栓系统的消防水泵接合器应设置用于区别的永久性固定标识。地下消防水泵接合器应采用铸有"消防水泵接合器"标识的铸铁井盖，并应在附近设置指示其位置的永久性固定标识。正确做法如图4-4-27、图4-4-28所示。

图 4-4-27　地上式消防水泵接合器标识1

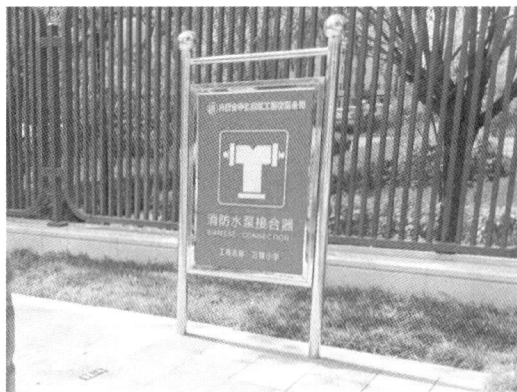

图 4-4-28　地上式消防水泵接合器标识2

# 4.5　中水系统安装

◎**工作难点：** 中水给水管道装设取水水嘴。

## 解 析

中水主要用于绿化、景观、喷洒道路、冲洗厕所等，达不到生活饮用水的卫生标准。由于中水和生活用水往往不好分辨，如果中水管道设置取水嘴，容易造成误饮用中水，危害身体健康。

## 正确做法

中水给水管道不得装设取水水嘴，中水供水管道严禁与生活饮用水管道连接，并应涂有浅绿色标识。中水管道不宜暗装于墙体和楼板内，如必须暗装于墙槽内，必须在管道上有明显且不易脱落的标识。正确做法如图4-5-1所示。

图 4-5-1　中水设备及管道安装

## 4.6 防腐、保温及标识

◎**工作难点1：** 各种油漆、涂装在涂刷时交叉污染。

**解析**

管道安装后，管道与支吊架连接处涂刷油漆，容易造成支架污染，支架涂刷油漆时，也容易造成管道污染。错误做法如图4-6-1所示。

**正确做法**

1.管道油漆涂刷应均匀，漆膜厚度符合要求，管道油漆无流坠，无漏涂，符合规范要求，管道安装后不能涂漆的部分应预先涂漆。2.设备油漆应根据设计及厂家要求进行定色，设备刷漆时应均匀，无流坠，无漏涂，油漆颜色应一致，设备标牌不得涂刷油漆。3.当设计无要求时，明装管道防腐一般为一道防锈漆、两道面漆，暗装管道防腐刷两道防锈漆，埋地管道防腐刷冷底子油一道、沥青漆两道。正确做法如图4-6-2所示。

图4-6-1　管道防腐污染

图4-6-2　管道油漆明亮

◎**工作难点2：** 金属保温管壳转弯部位做成90°直角。

**解析**

金属保温管壳转弯部位的做法错误，会导致内部保温层局部厚度不足，且不美观。错误做法如图4-6-3所示。

## 正确做法

1.金属保温管壳应接缝咬口严密、位置正确；转弯部位壳体圆滑，内部保温层厚度均匀一致；设备及部件部位的金属保温管壳应全部做成可快速开启的安装方式，以便后期运行维修。2.管道保温用金属壳作保护层，其搭口应顺水，咬缝接口应严密平整。3.金属保温管壳转弯部位虾米弯做法：测量保温面层直径及弧长，从距弧线端向外10～15mm处计算虾米弯长度。根据管径不同，确定虾米弯组成节数，不同管径虾米弯组成节数应符合表4-6-1规定。正确做法如图4-6-4所示。

不同管径虾米弯组成节数表　　　　　　　　　　　表4-6-1

| 序号 | 管道直径（mm） | 节数（个） |
|---|---|---|
| 1 | 小于150 | 4（45°拼接） |
| 2 | 150～200 | 9 |
| 3 | 250～300 | 11 |
| 4 | 300以上 | 13 |

图4-6-3　金属保温管壳缺少虾米弯

图4-6-4　金属保温管壳虾米弯合理

◎**工作难点3**：管道绝热层在支吊架处断开。

## 解析

未在管道与支吊架之间设置绝热管托，导致管道绝热层在支吊架处不连续，导致冷桥或热桥现象发生。错误做法如图4-6-5所示。

## 正确做法

管道绝热层在支吊架处应连续，管道与支吊架之间应设置绝热管托，管托内径应与管道相匹配，管托厚度不得小于绝热层厚度，用"U"型卡箍固定在支吊架上。卡箍应与绝热管紧密接触，且居中安装。保温层端面应与管托粘结牢固、紧密。正确做法如图4-6-6所示。

图 4-6-5　管道绝热层支架处缺少管托

图 4-6-6　管道绝热层安装管托

◎**工作难点4：** 管道绝热层在穿墙或穿楼板时不连续、断开。

## 解 析

穿墙或楼板的绝热管道在套管预留时，未考虑管道绝热层的厚度。预留套管管径偏小，绝热管道保温层施工以后，无法从预留套管中穿过，从而导致管道绝热在穿墙或穿楼板时不连续、断开。错误做法如图4-6-7所示。

## 正确做法

绝热管道穿墙或穿楼板时绝热层应连续，管道穿墙或穿楼板时保温层应同时过墙和楼板，绝热管道与墙和楼板的根部应粘贴装饰圈，接缝应设在顶部或正视不明显处，装饰圈宽度宜为30 ~ 50mm。正确做法如图4-6-8所示。

◎**工作难点5：** 管道法兰、阀门、伸缩器等特殊部位未进行保温处理。

## 解 析

管道法兰、阀门、伸缩器等特殊部位未进行保温处理，会出现结露现象。错误做法如图4-6-9所示。

## ✦ 正确做法

　　管道保温层与管道应紧贴密实，不得有空隙和间断，表面平整、圆弧均匀。保温层与支架处接缝应严密，不应将支架包成半明半暗状态，管道法兰、阀门应单独保温，保温材料接口应严密。正确做法如图4-6-10所示。

图4-6-7　绝热层在穿墙处断开

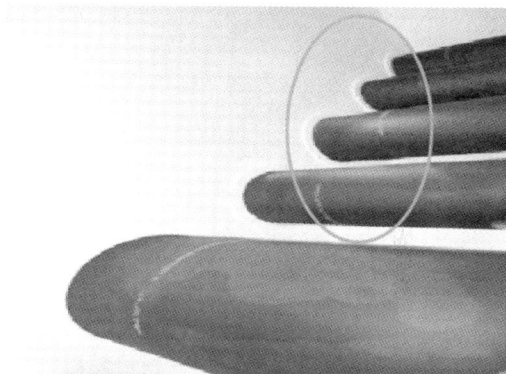

图4-6-8　管道与绝热层穿墙

图4-6-9　补偿器缺少保温

图4-6-10　管道保温严密

◎**工作难点6：管道设备标识位置设置不当。**

## 📖 解析

　　管道设备标识位置不合理或被遮挡，不便于观察。

### 🔆 正确做法

管道标识应设置在通道、操作面一侧等醒目部位，便于观察，且在管道的起点、终点、转弯、分支、设备进出口、穿越墙楼板等处进行标注。在直线段上的标识，应避开管件等部位，成排管道标识应一致。水平管道轴线距地小于1.5m时，标识在管道正上方；在1.5～2.0m时标识在正视侧面；大于2.0m时，标识在正下方或侧面，如图4-6-11所示。垂直管道宜标识在朝向通道侧管道轴线中心，成排管道以满足标识高度的直线段最短管道为基准，依次标识，高度一致，如图4-6-12所示。

图 4-6-11　水平管道标识做法

图 4-6-12　垂直管道标识做法

◎**工作难点7：管道设备标识制作标注不美观。**

### 📑 解 析

标识制作安装人员未进行培训，不了解喷涂、粘贴方法。

### 🔆 正确做法

喷涂或粘贴要牢固、清晰，喷涂无流坠，粘贴无翘边。标识形式应为文字加箭头的形式，文字代表介质、系统名称，箭头表示介质流向。箭头放在文字的前方，成排管线标识应集中布置，标识长度一致，统一制作模板进行涂刷或喷涂。标识字体宜采用宋体，字体的大小按管径的0.3～0.5倍确定；箭头的长度，当管径≤80mm时为管径的2～2.5倍，管径＞80mm时长度宜为200～400mm。标识所采用的颜色应根据管道面色确定，可以参照表4-6-2。

标识颜色确定 表 4-6-2

| 管道、绝热层面色 | 标识颜色 | 适用管道系统 |
|---|---|---|
| 绿色 | 白色 | 给水 |
| 红色 | 白色 | 消防 |
| 黄色 | 红色 | 天然气 |
| 蓝色 | 红色 | 空调水 |
| 黑色 | 白色 | 排水 |
| 白色（或镀锌层） | 红色 | 采暖 |

# 第五章　通风与空调工程难点与解析

## 5.1　通风与空调设备安装

### 5.1.1　通风机安装

◎**工作难点1：** 通风机传动装置的外露部位、直通大气的进出风口未装设防护罩、防护网。

### 解析

　　为防止风机运行过程当中对人员造成的意外伤害，通风机传动装置的外露部分及敞开的直通大气的进出风口，必须装设防护罩、防护网或采取保护性措施。错误做法如图5-1-1、图5-1-2所示。

图 5-1-1　通风机传动装置未装设防护罩

图 5-1-2　风口安装无防护网

### 正确做法

　　1.通风机传动装置的外露部位、直通大气的进出风口必须装设防护罩、防护网。本要求为《通风与空调工程施工质量验收规范》GB 50243—2016第7.2.2条，属于强制性条文，必须严格执行。2.通风机传动装置防护罩、直通大气的进出风口防护网安装应牢固可靠。正确做法如图5-1-3、图5-1-4所示。

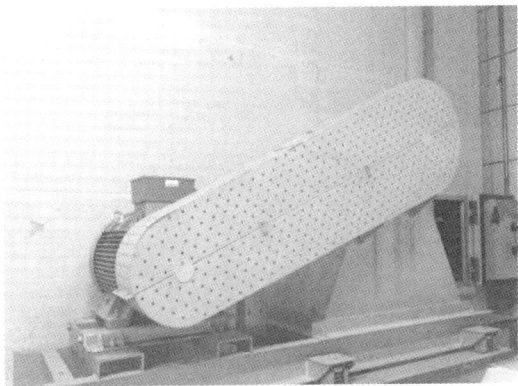

图 5-1-3　通风机安装防护网

图 5-1-4　风口安装防护网

◎**工作难点2：** 空调通风设备进出口柔性连接扭曲变形、不同心，材质不符合要求。

**解析**

　　1.柔性连接材料未按设计要求的防火等级进行选材。2.柔性连接扭曲变形、不同心，连接风管90°角处易破损。3.柔性连接两端错口，利用柔性连接与设备接口找正，导致气流截面减小，风阻增大。错误做法如图5-1-5、图5-1-6所示。

图 5-1-5　风机软接材质错误

图 5-1-6　柔性连接两端错口

## 正确做法

柔性连接的制作应符合下列规定：1.外径或外边长应与风管尺寸相匹配。2.应采用抗腐、防潮、不透气及不易霉变的柔性材料。3.用于净化空调系统的还应是内壁光滑、不易产生尘埃的材料。4.柔性连接的长度宜为150～250mm，接缝的缝制或粘接应牢固、可靠，不应有开裂；成型短管应平整，无扭曲等现象。5.柔性连接不应为异径连接管，矩形柔性短管与风管连接不得采用抱箍固定的形式。6.柔性连接与法兰组装宜采用压板铆接连接，铆钉间距宜为60～80mm。正确做法如图5-1-7、图5-1-8所示。

图 5-1-7　风机软接安装 1

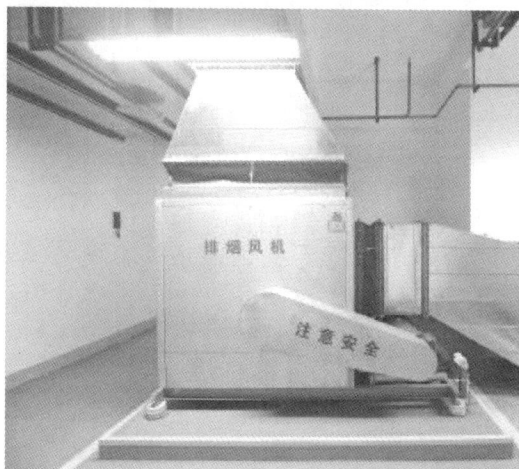

图 5-1-8　风机软接安装 2

## ◎工作难点3：吊装风机缺少减震装置或减震装置安装不规范。

## 解 析

1.施工人员对安装规范理解不准确，对图集认知不清晰，不清楚吊式弹簧减震器的工作原理，导致吊式弹簧减震器不能正常发挥减震功效。2.风机安装减震措施不到位。错误做法如图5-1-9、图5-1-10所示。

## 正确做法

1.选取符合荷载要求的基础螺栓。2.在安装位置预埋基础螺栓。3.使用弹簧垫片及螺母将吊式减震器与基础螺栓连接固定。4.采用弹簧垫片及螺母固定好设备。5.利用上下两颗螺母将设备与吊式弹簧减震器固定，上部螺母暂时不应锁紧。使用开口扳手调整下部螺母，调整设备水平度与弹簧压缩量。6.调整完毕，将上下两颗螺母相对锁固，即可完成吊式弹簧减震器安装调整。7.安装后检查弹簧压缩量，如弹簧压到底，表示荷载不足无减震效果。正确做法如图5-1-11、图5-1-12所示。

图 5-1-9　风机吊式弹簧减震器安装错误

图 5-1-10　风机缺少减震措施

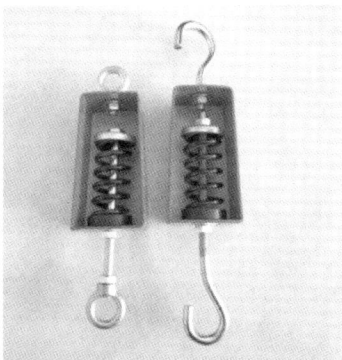

图 5-1-11　风机吊式弹簧减震器

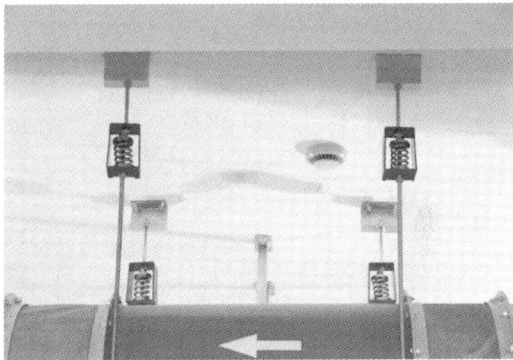

图 5-1-12　风机吊式弹簧减震器安装

## 5.1.2　空调水泵安装

◎**工作难点：** 空调水泵减震器、柔性基础、橡胶减震垫等减震措施安装不到位。

## 解析

1.未按设计要求或设备运行重量进行减震器选型，安装设备安装基础未采用减震措施，运转时震动剧烈或噪声过大。2.设备基础未施工完毕，设备先行就位安装，导致设备减震器（垫）埋入混凝土或水泥砂浆面层内，减震器（垫）起不到减震作用。3.设备与管道连接段未采用柔性接头。4.制冷设备或制冷附属设备基（机）座下减震器的安装位置与设备重心偏移，各个减震器的压缩量不均匀。5.采用弹性减震器的制冷机组，机组水平限位装置不到位。错误做法如图5-1-13、图5-1-14所示。

图 5-1-13　空调水泵安装缺少减震措施

图 5-1-14　减震器位置与设备重心不匹配

## 正确做法

1.空调水泵减震台座采用型钢制作，或采用钢筋混凝土浇筑，多台空调水泵安装时应排列整齐，空调水泵的减震装置应安装在减震板下部，减震装置应对称放置并固定牢靠。2.设备就位时，设备纵向中心轴线应与基础中心线对齐，并找平找正。设备与基础固定应牢靠，地脚螺栓应有防松动措施。3.设备与管道连接应采用柔性接头。4.减震器的安装位置应正确，各组或各个减震器承受荷载的压缩量应均匀一致，偏差应小于2mm。5.固定设备的地脚螺栓应紧固，并应采取防松动措施。6.设备落地安装时，应按设计要求设置减震装置，并应采取防止设备水平位移的措施。正确做法如图5-1-15、图5-1-16所示。

图 5-1-15　减震器限位措施齐全

图 5-1-16　空调水泵安装减震装置有效

## 5.1.3　风机盘管安装

◎**工作难点：**空调水管道与末端设备连接错位，采用管道接口进行变径或变向使用。

## 解析

1.管道与设备接口定位尺寸出现偏差，软管与设备强行连接，软管长期处于受力状态，软管歪斜。2.管道设备安装位置调整后，利用软管作为弯头与设备碰口，软管弯曲处应力较为集中。错误做法如图5-1-17、图5-1-18所示。

图 5-1-17　风机盘管安装软管弯曲

图 5-1-18　风机盘管安装采用软管变向

### 正确做法

1.风机盘管、变风量与定风量空调末端装置及地板送风单元等的安装，位置应正确，固定应牢固、平整，便于检修。2.机组应设独立支、吊架，固定应牢固，高度与坡度应正确。3.机组与风管、回风箱或风口的连接，应严密可靠。4.应进行深化设计，管线综合排布合理、有序；管道与设备接口同心，连接顺直。5.管道与设备连接应在设备就位后，进行现场尺寸复测，选择长度适合的软管，软管不得充当弯头使用。6.风机盘管机组及其他空调设备与管道的连接，应采用耐压值大于等于1.5倍工作压力的金属或非金属柔性软管，连接应牢固，不应有强扭和瘪管。正确做法如图5-1-19、图5-1-20所示。

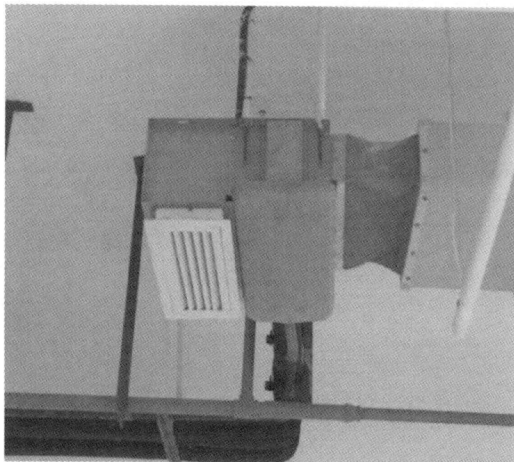

图 5-1-19　风机盘管安装平整

图 5-1-20　软管安装顺直

## 5.2　风管、空调水管道及支吊架安装

### 5.2.1　风管安装

◎**工作难点1**：机械加压送风系统、排烟系统，井道未采用内衬风管构造。

### 解析

土建竖井一般尺寸较小，保持内表面光滑的难度较大，而且部分竖井施工过程中会遗留较多施工孔洞，风阻和漏风量较大，内衬风管能有效减少风阻和漏风。错误做法如图5-2-1所示。

## 正确做法

1.机械加压送风系统、排烟系统应采用管道送风，且不应采用土建风道。送风管道应采用不燃材料制作且内壁应光滑。当送风管道内壁为金属时，设计风速不应大于20m/s；当送风管道内壁为非金属时，设计风速不应大于15m/s。2.土建竖井内设置金属风管时，为减少风管安装难度，同时减少土建风井尺寸，竖井井壁应尽可能采用后砌墙的方式，墙体应在设备专业风管安装完成后砌筑。3.土建竖井内设置金属风管的施工顺序应为：钢筋混凝土墙、板→金属风管→后砌建筑砖墙。4.风井应尽量避免三面都是混凝土墙的情况，因此类情况风管安装困难，需预留的安装空间大，对面积影响较大。正确做法如图5-2-2所示。

图 5-2-1　结构风道内表面粗糙

图 5-2-2　井道内衬风管安装

◎**工作难点2：** 水平悬吊的风管、大截面风管配件处缺少防止摆动的固定支架。

## 解析

1.风管悬吊安装时，只是按照平均间距布置支架，采用丝杆吊架，未考虑风管整体的防晃要求。2.大截面风管的弯头、三通等配件未独立设置支架，无法确保大截面风管的牢固性。错误做法如图5-2-3、图5-2-4所示。

图 5-2-3　风管安装缺少支吊架

图 5-2-4　风管安装缺少防晃支架

### 正确做法

1.金属风管水平安装，当直径或边长小于等于400mm时，支吊架间距不应大于4m；大于400mm时，间距不应大于3m；螺旋风管的支吊架的间距可为5m与3.75m；薄钢板法兰风管的支吊架间距不应大于3m。垂直安装时，应设置至少2个固定点，支架间距不应大于4m。2.支吊架的设置不应影响阀门、自控机构的正常动作，且不应设置在风口、检查门处，支吊架离风口和分支管的距离不宜小于200mm。3.悬吊的水平主、干管风管直线长度大于20m时，应设置防晃支架或防止摆动的固定支架。4.矩形风管的抱箍支架，折角应平直，抱箍应紧贴风管。圆形风管的支架应设托座或抱箍，圆弧应均匀，且应与风管外径一致。5.风管或空调设备使用的可调节减震支吊架，拉伸或压缩量应符合设计要求。6.不锈钢板、铝板风管与碳素钢支架的接触处，应采取隔绝或防腐绝缘措施。7.边长（直径）大于1250mm的弯头、三通等部位应设置独立的支吊架。正确做法如图5-2-5、图5-2-6所示。

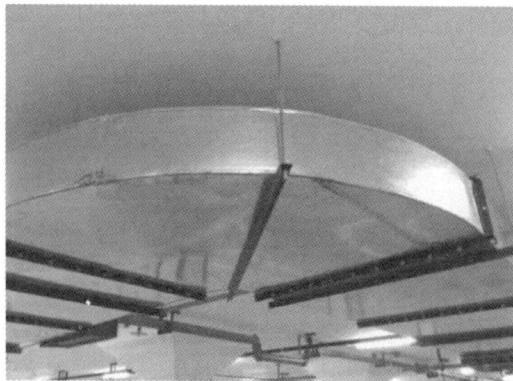

图 5-2-5　风管支吊架设置合理

图 5-2-6　风管防晃支架安装

◎**工作难点3：矩形风管弯管内未设置导流叶片或导流叶片设置不规范。**

## 解析

1.未根据风管长边尺寸设置导流叶片，或者设置的位置、数量、间距不正确。
2.导流叶片与风管固定不牢靠，叶片不平滑、不同心。错误做法如图5-2-7所示。

## 正确做法

1.矩形风管弯管宜采用曲率半径为一个平面边长，内外同心弧的形式。2.当采用其他形式的弯管，且平面边长大于500mm时，应设弯管导流片。3.矩形内外弧形弯管平面边长大于500mm，且内弧半径与弯管平面边长之比小于等于0.25时应设置导流片。4.矩形内外直角形弯管及边长大于500mm的内弧外直角形、内斜线外直角形弯管应设置导流片。5.导流片的弧度应一致，迎风边缘光滑，与弯管本体连接固定牢固。正确做法如图5-2-8、图5-2-9、表5-2-1所示。

图 5-2-7　弯头内缺少导流片

图 5-2-8　导流片安装规范

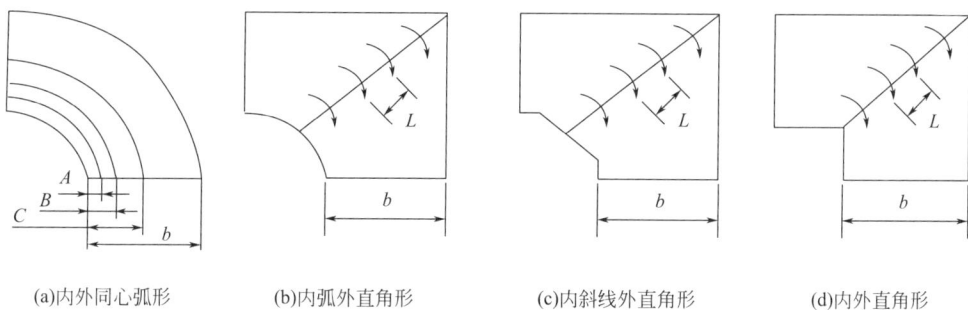

(a)内外同心弧形　　(b)内弧外直角形　　(c)内斜线外直角形　　(d)内外直角形

图 5-2-9　导流叶片制作示意图

内外弧形矩形弯管导流片数及设置 表5-2-1

| 弯管平面边长 b（mm） | 导流片数 | 导流片位置 | | | |
|---|---|---|---|---|---|
| | | A | B | C | |
| b < 1000 | 1 | b/3 | — | — | |
| 1000 ≤ b < 1600 | 2 | b/4 | b/2 | — | |
| 1600 ≤ b < 2000 | 3 | b/8 | b/3 | b/2 | |
| b ≥ 2000 | 4 | b/8 | b/3 | b/2 | 3b/4 |

◎**工作难点4：**复合材料风管制作加固措施不足，刚度不够，安装后风管变形、塌陷。

# 解 析

1.复合风管未加固或加固点数量过少，产生塌陷现象。2.胶粘剂未凝固或凝固时间短，导致接口处脱胶开裂，风管变形较大。错误做法如图5-2-10所示。

# 正确做法

1.复合风管加固时，应采用金属槽型钢与管内支撑（螺杆、套管）相结合的加固形式。正压风管加固时，槽型钢设在风管外侧；负压风管加固时，槽型钢设在风管内侧。2.复合风管的角钢法兰或外套槽形法兰可视为一纵（横）向加固点。其他连接方式的风管，边长大于1200mm时，应设横向加固。3.风管粘接宜在专用T形台上制作，专用粘接胶应随拌随用，不得超过专用胶水要求的时限。4.风管加胶后应静置待凝固，完全凝固好后才允许移动。正确做法如图5-2-11所示。

图5-2-10 风管制作缺少加固

图5-2-11 风管制作及加固

◎**工作难点5：风管穿越密闭墙体或楼板时，未设置钢制套管。**

## 解析

1.风管穿越防火、防爆的墙体或楼板处，防护套管设置不到位。2.风管穿越墙体或楼板处与墙体缝隙过大，封堵不严密。3.制作防护套管的钢板厚度太薄，不满足规范要求。4.防护套管与风管之间未采用不燃柔性材料封堵。错误做法如图5-2-12所示。

## 正确做法

1.在风管穿过需要封闭的防火、防爆的墙体或楼板时，应设预埋管或防护套管，其钢板厚度不应小于1.6mm。2.风管与防护套管之间，应用不燃且对人体无危害的柔性材料封堵（如：离心玻璃制品、防火泥、岩棉等）且封堵严密。正确做法如图5-2-13所示。

图 5-2-12　风管穿墙未设置套管

图 5-2-13　风管穿墙套管封堵严密

### 5.2.2　空调水管安装

◎**工作难点1：并联水泵出水口管道进入汇流总管的接口未采用顺水流斜向插接的连接形式。**

## 解析

对于并联连接水泵的出口，进入总管不应采用T形连接方法，应采用顺水流斜向插接的连接形式。错误做法如图5-2-14所示。

### 正确做法

并联水泵的出口管道进入总管应采用顺水流斜向插接的连接形式，且夹角不应大于60°。正确做法如图5-2-15所示。

图 5-2-14　空调水管采用 T 形连接

图 5-2-15　空调水管采用顺水流斜向连接

◎ **工作难点2：** 空调冷冻水管道木托衬垫安装不到位，产生冷凝水现象。

### 解析

空调冷冻水管道支吊架缺少木托，或木托衬垫安装不规范，橡塑保温施工质量差，管道表面产生冷凝水现象。错误做法如图5-2-16、图5-2-17所示。

图 5-2-16　冷冻水管道缺少木托

图 5-2-17　冷冻水管道木托厚度偏小

### 💡 正确做法

1.冷（热）水管道与支吊架之间，应设置衬垫。2.衬垫的承压强度应满足管道全重的承载要求，且应采用不燃与难燃硬质绝热材料或经防腐处理的木衬垫。3.衬垫的厚度不应小于绝热层厚度，宽度应大于等于支吊架支承面的宽度。4.衬垫的表面应平整、上下两衬垫接合面的空隙应填实。正确做法如图5-2-18、图5-2-19所示。

图 5-2-18　空调冷冻水管道安装

图 5-2-19　冷冻水管道木托安装

### ◎工作难点3：空调冷冻水管道承重支架翼板未加绝热隔板。

### 📑 解析

空调冷冻水管道承重支架翼板未加绝热隔板，冷冻水管道表面产生冷凝水现象。错误做法如图5-2-20、图5-2-21所示。

图 5-2-20　承重支架翼板缺少绝热隔板

图 5-2-21　空调冷冻水管产生冷凝水

## 正确做法

空调冷冻水管承重支架翼板必须加绝热隔板，避免冷冻水管道表面产生冷凝水现象。正确做法如图5-2-22、图5-2-23所示。

图 5-2-22 承重支架翼板及绝热隔板安装

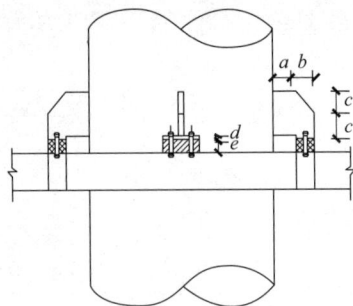

图 5-2-23 承重支架安装标准图

# 5.3 风口、阀件及末端配件安装

## 5.3.1 风口安装

◎**工作难点1：** 空调送风口与回风口之间的间距太小，形成气流短路。

## 解析

空调风口安装时，未综合考虑送风口与回风口位置，导致空调送风口与回风口之间的间距过近，形成空调气流短路。错误做法如图5-3-1所示。

图 5-3-1 风口安装气流短路

图 5-3-2 风口安装位置合理

## 正确做法

空调送风口与回风口之间的间距应保持在1.5m以上。正确做法如图5-3-2所示。

◎**工作难点2：风管上安装风口时未加设管喉，风口直接固定在风管上。**

## 解 析

风管上安装风口时，风口不应直接安装在风管上，风口与风管间应通过短管（管喉）连接。错误做法如图5-3-3所示。

## 正确做法

1.风口不应直接安装在风管上，风口与风管间应通过短管（管喉）连接。2.风管与风口连接宜采用法兰连接，也可采用槽形或工形插接连接。3.风口安装位置应正确，调节装置定位后应无明显自由松动。4.室内安装的同类型风口应规整，与装饰面贴合严密。5.吊顶风口可直接固定在装饰龙骨上，当有特殊要求或风口较重时，应设置独立的支吊架。正确做法如图5-3-4所示。

图5-3-3　风口安装缺少短管

图5-3-4　风口安装采用短管

◎**工作难点3：吊顶内风管与风口连接不到位、不严密，出现漏风、串风现象。**

## 解 析

吊顶隐蔽前，未对吊顶内部的空调安装施工质量进行检查，出现软管挤压、铰拧、变形等现象。错误做法如图5-3-5、图5-3-6所示。

图5-3-5　吊顶内风口与风管未连接

图5-3-6　吊顶内软管变形

## 💡 正确做法

1.连接风口的支管必须调正，不得斜向拉伸；风口与风管连接必须牢固、可靠，不得直接套入风管内而不采取任何紧固措施；直接安装在顶棚上的风口，应单独固定。2.散流器等风口与顶棚吊顶接触处，应设置闭孔泡沫橡胶密封垫。3.各类风口的安装应排列整齐、美观、牢固、位置正确、转动灵活，在同一厅室、房间成排安装同类型风口，必须拉线找直、找平；送风口标高一致，横平竖直，表面平整，与墙面平齐，间距匀称。4.散流器、门铰式百叶风口、单层百叶风口等与吊顶连接时，应与装饰面平齐、紧密，多个风口安装应成行、成线，位置对称。正确做法如图5-3-7、图5-3-8所示。

图5-3-7　吊顶内风管与风口安装

图5-3-8　风口及软连接安装

## 5.3.2　风管防火阀安装

◎**工作难点1：防火阀直径或边长≥630mm时，未设置独立支吊架。**

### 解析

1.对防火阀的作用和功能理解不清晰。2.风管系统设置支架时，只考虑风管的承重要求，未考虑防火阀的承重要求。错误做法如图5-3-9所示。

### 正确做法

1.防火阀直径或边长≥630mm时，应设置独立支吊架。2.防火阀的安装方向、位置应正确，熔断器（易熔片）应先于叶片轴接触热气流（即位于叶片的迎风侧）。3.防火分区隔墙两侧的防火阀，距墙表面不应大于200mm。正确做法如图5-3-10所示。

图 5-3-9　防火阀缺少支吊架

图 5-3-10　防火阀安装独立支吊架

# 5.4　防腐、绝热及标识

## 5.4.1　管道防腐

◎**工作难点1：空调水管道焊口除锈、防腐不到位。**

## 解析

空调水管道焊口除锈不到位，防腐涂层涂刷不到位。错误做法如图5-4-1所示。

## 正确做法

1.风管和管道防腐涂料的品种及涂层层数应符合设计要求，底漆和面漆应配套。2.防腐涂料的涂层应均匀，不应有堆积、漏涂、皱纹、气泡、掺杂及混色等缺陷。正确做法如图5-4-2所示。

图 5-4-1　空调管道焊口涂层不到位

图 5-4-2　空调管道防腐到位

### 5.4.2　管道绝热

◎**工作难点1：**空调水管道、风管橡塑保温严密性差，产生冷凝水现象。

## 解析

1.保温材料之间粘接不严密，粘接缝超长，粘接不牢。2.保温材料在切割过程中截面不平整、胶水涂刷不均匀。3.橡塑保温施工完毕，被重物或尖锐物体磕碰、刮破，成品被破坏。错误做法如图5-4-3、图5-4-4所示。

## 正确做法

1.风管和水管的绝热层、防潮层和保护层，应采用不燃或难燃材料，其材质、密度、规格与厚度应符合设计要求。2.洁净室（区）内的风管和管道的绝热层，不应采用玻璃纤维和短纤维矿棉等材料。3.设备、部件、阀门的绝热和防腐涂层，不得遮盖铭牌标识，不得影响部件、阀门的操作功能，经常操作的部位应采用可单独拆卸的绝热结构。4.绝热层应满铺，表面应平整，不应有裂缝、空隙、鼓包等缺陷。5.当采用卷材或板材时，允许偏差应为5mm；当采用涂抹或其他方式时，允许偏差应为10mm。正确做法如图5-4-5、图5-4-6所示。

图5-4-3 橡塑保温破损严重

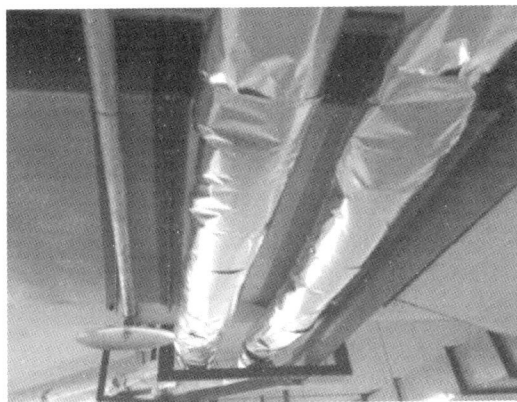

图5-4-4 保温表面不平整

图5-4-5 橡塑保温表面平整

图5-4-6 保温层拼接严密

◎**工作难点3**：空调冷冻泵蜗壳绝热层保温施工不到位。

**解析**

空调冷冻泵蜗壳绝热保温施工不到位，外壳表面产生冷凝水。错误做法如

图5-4-7、图5-4-8所示。

图5-4-7　空调冷冻泵缺少绝热层

图5-4-8　空调冷冻泵绝热不到位

## 正确做法

空调冷冻泵蜗壳绝热层及保护外壳施工，应随管道绝热及保护外壳同时进行，材质、规格等应保持一致。正确做法如图5-4-9、图5-4-10所示。

图5-4-9　空调冷冻泵保温绝热严密

图5-4-10　空调冷冻泵硬壳保温严密

◎**工作难点3：**空调水管道上安装的阀门阀体保温不到位，或者被包裹严密无法检修拆卸。

## 解析

1.空调水管道上安装的阀门保温不到位，产生冷凝水或热量损失。2.施工中经常出现阀门被包裹严密，检修拆卸不便的情况。错误做法如图5-4-11、图5-4-12所示。

图 5-4-11　空调管道阀门保温绝热不严密

图 5-4-12　阀门保温绝热不易检修

## 正确做法

1.绝热和防腐涂层，不得遮盖铭牌标识和影响部件、阀门的正常操作，经常操作的阀门等部位，应采用能单独拆卸的绝热结构。2.绝热层应满铺，表面应平整，不应有裂缝、空隙等缺陷。正确做法如图5-4-13、图5-4-14所示。

图 5-4-13　空调管道阀门保温绝热严密

图 5-4-14　设置单独拆卸的绝热结构

### 5.4.3 管道标识

◎**工作难点1：** 空调水管、风管标识缺失。

**解析**

空调水管、风管缺少标识、标识位置不合理、标识内容不齐全等。错误做法如图5-4-15、图5-4-16所示。

图 5-4-15　管道缺少标识

图 5-4-16　管道标识不齐全

**正确做法**

1.需要进行标识的部位，应该包括所有管道的起点、终点、交叉点、转弯处、阀门和穿墙孔两侧等其他需要标识的部位。2.标识应设置在最易观察的部位。3.标识应包含系统名称、介质流向等内容。正确做法如图5-4-17、图5-4-18所示。

图 5-4-17　管道标识清晰明了

图 5-4-18　管道标识齐全规范

# 第六章　智能建筑工程难点与解析

## 6.1　箱柜、机架安装

◎**工作难点：**弱电井内，智能建筑箱柜数量多，布局困难，后期维修不便。

### 解析

　　1.大多数建筑弱电井设计比较小，有的甚至和强电井共用，智能化系统设备箱柜多，布局不合理，观感质量较差；2.箱柜布局不合理导致部分箱柜门不能完全打开，影响后期维修和设备更换。错误做法如图6-1-1所示。

### 正确做法

　　1.根据弱电井、箱柜尺寸，对电井内箱柜及桥架等进行BIM综合排布，必要时对箱柜尺寸进行优化，做到布局合理，便于后期维修；2.箱柜固定牢靠，标识清晰明了，箱柜门开启灵活。正确做法如图6-1-2所示。

图 6-1-1　箱柜布局杂乱

图 6-1-2　箱柜布局合理

## 6.2 梯架、托盘、槽盒安装

◎**工作难点：弱电梯架、托盘、槽盒末端未与保护导体可靠连接。**

### 解析

1.错误认为弱电梯架、托盘、槽盒末端不需要与保护导体可靠连接，没有接地也不会影响使用功能；2.弱电梯架、托盘、槽盒末端与保护导体连接不可靠。错误做法如图6-2-1所示。

### 正确做法

1.严格执行《建筑电气工程施工质量验收规范》GB 50303—2015，第11.1.1条第1款规定：梯架、托盘和槽盒全长不大于30m时，不应少于2处与保护导体可靠连接；全长大于30m时，每隔20m～30m应增加一个连接点，起始端和终点端均应可靠接地。2.对于有AC220V以上电源进入的弱电箱柜，应在箱柜内增设接地排，将与之连接的槽盒末端、箱柜及箱柜内设备等与接地排可靠连接；3.对于没有AC220V以上电源进入弱电箱柜，应将槽盒末端就近直接与保护导体连接。正确做法如图6-2-2所示。

图6-2-1　槽盒未做保护接地

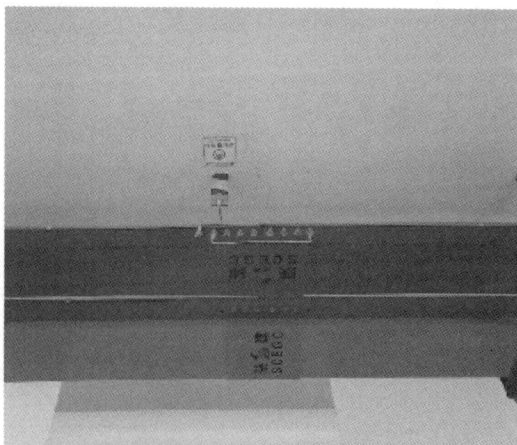

图6-2-2　槽盒按要求保护接地

# 6.3 导管、线缆敷设

◎**工作难点1：**槽盒内弱电线缆未捋顺、未绑扎、固定和标识。

## 解析

1.弱电工程施工时，常常只注重系统使用功能，忽视观感质量和后续维护维修；2.弱电施工人员对电气验收规范掌握和理解不够深；3.弱电线缆较细，且数量多，整理时费时费工。错误做法如图6-3-1所示。

**图6-3-1** 线缆杂乱缺标识

## 正确做法

1.弱电线缆敷设时，非屏蔽网线弯曲半径不应小于线缆外径的4倍，屏蔽网线弯曲半径不应小于线缆外径的8倍，大对数线缆弯曲半径不应小于线缆外径的10倍，光缆弯曲半径不应小于线缆外径的10倍；2.线缆敷设应顺直，以5～10根绑扎到一起，固定牢靠，在线缆起始端及拐弯处悬挂标识牌，禁止使用金属材料绑扎或固定线缆；3.线缆敷设完成后确保线缆不受机械外力。正确做法如图6-3-2所示。

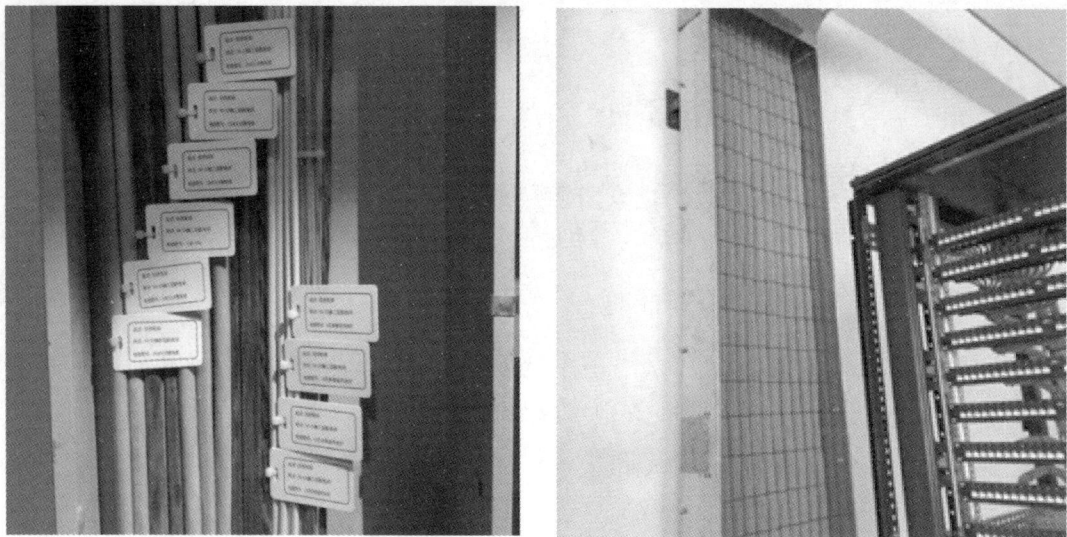

图 6-3-2　线缆敷设均匀标识清楚

◎**工作难点2：套接紧定式镀锌钢导管（JDG）敷设。**

## 解析

1.JDG管壁厚为1.6mm（国标），JDG比焊接钢管便于施工，且成本较低，比PVC管强度高，观感质量好，比KBG管施工更方便，在电气工程中大量应用；2.JDG管施工时，管与管、管与盒之间缺少专用接头；3.JDG管接头连接未采用专用螺钉，或螺帽未拧断；4.JDG管敷设不整齐，缺少支吊架。错误做法如图6-3-3所示。

图 6-3-3　导管敷设杂乱

## 正确做法

1.JDG管材、连接套管等均应采用成品附件，且不得与其他管材混用；2.管材、连接套管及附件内、外表面光洁，无毛刺、飞边、砂眼、气泡、裂纹等缺陷；3.JDG管弯曲敷设时，弧度应均匀，不应有褶皱、凹陷、裂纹、死弯等缺陷，弯曲半径不应小于管材外径的6倍，弯扁度不应大于管外径的10%；4.墙体内敷设时，剔槽宽度不宜大于管外径5mm，管表面距墙体成活面不应小于15mm，固定点间距不大于1000mm；5.进入落地式箱柜时，排列应整齐，管口应高出箱柜基础面50～80mm；6.JDG管严禁熔焊连接，连接时旋转螺钉至螺帽脱落，不应以其他方式拧断螺帽，管径大于20mm时，连接套管每段螺钉不应少于2个；7.JDG管与喷塑槽盒及箱体连接时应跨接接地。正确做法如图6-3-4所示。

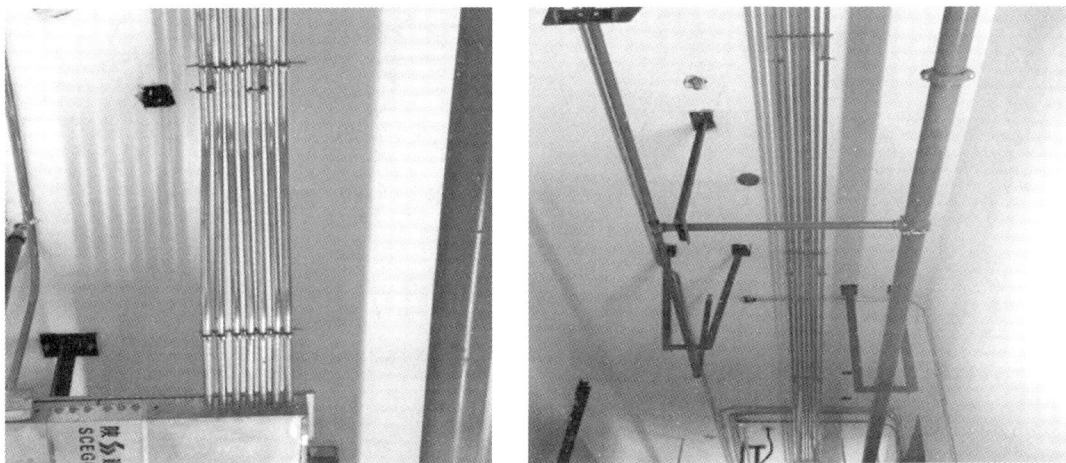

图6-3-4　导管敷设整齐

# 6.4　末端设备安装

◎**工作难点1：摄像头安装位置随意，影响监控画面质量。**

## 解 析

1.认为监控摄像头的安装，只要能将画面传回监控室即可；2.摄像头监控画面对位置、高低、光线等环境很敏感；3.恶劣环境将影响摄像机使用寿命。错误做法如图6-4-1所示。

## 正确做法

1.摄像头应安装在避免强电磁干扰的环境；2.安装高度：室内离地不宜低于2.5m，室外离地不宜低于3.5m；距监控对象的距离应根据摄像头焦距确定；3.电梯厢内的监控摄像头应安装在厢门上方的左侧或右侧，并能有效监视电梯厢内乘员面部及楼层指示器；4.摄像头的监控角度避免白天太阳光和晚上灯光直射；5.监控摄像头及其配套装置，如镜头、摄像机防护罩、支架、雨刷等安装应牢固，运转应灵活；6.安装在室外的摄像头电源线和信号线均应安装电涌保护器，且电涌保护器与接地体应可靠跨接。正确做法如图6-4-2所示。

图6-4-1　摄像机安装不牢固

图6-4-2　摄像头安全可靠

◎**工作难点2：** 综合布线系统模块线缆卡接质量不过关，导致链路测试不通过。

## 解析

1.模块线缆卡接质量决定链路测试结果，直接影响整个系统施工质量；2.对于数量少的用户可能感受不到影响，对于数据量大的用户影响就很直接；3.线缆卡接质量不好的模块，随着时间推移，可能导致链路不通；4.六类、超六类、七类、超七类等更高要求的布线系统，对模块卡接质量要求也更高。

## 正确做法

1.施工前准备好材料和剥线钳（刀）、打线刀、剪刀等；2.采用剥线钳剥掉线缆外皮，注意不要割破对交线芯的保护皮，剥掉线缆的外皮长度控制在20～25mm；3.尽可能少拧开对绞线芯，按T568A或T568B的标准将线芯依次卡入模块对应色标的卡槽；4.卡接时，打线刀垂直模块下压，听到声响，表明线缆卡接合格；对于免工具模块，扣压模块配件，听见声响，线缆卡接即合格；5.用剪刀剪掉漏在模块卡槽外侧的线芯，盖上模块盖子，此时看不见电缆对绞线芯则为合格；6.链路两侧模块卡接完成，用网络测试仪对链路进行测试。正确做法如图6-4-3所示。

**图6-4-3** 模块线缆排布整齐卡接牢固

# 6.5　接地及防静电接地安装

◎**工作难点：** *弱电设备未接地或接地错误。*

## 解析

　　1.弱电设备虽采用特低压供电，但仍需要接地保护，保证系统安全及稳定运行。2.施工中常常出现接地线敷设随意、截面偏小等。错误做法如图6-5-1所示。

## 正确做法

　　1.机房内所有设备、箱柜及金属导体等均应与等电位可靠连接；2.弱电井内所有设备、箱柜及金属导体等均应与等电位可靠连接；3.按照设计要求在机房、电井内设置局部等电位箱；4.处于强电磁等特殊环境的设备应进行接地；5.当设备附近无接地干线时，设置局部等电位端子板，采用截面积16mm²多股软铜线将局部等电位端子板与接地干线连接，再将需要接地的设备及导体采用截面积不小于4mm²的多股软铜线与局部等电位端子板连接。正确做法如图6-5-2所示。

图 6-5-1　设备未接地或接地不牢固

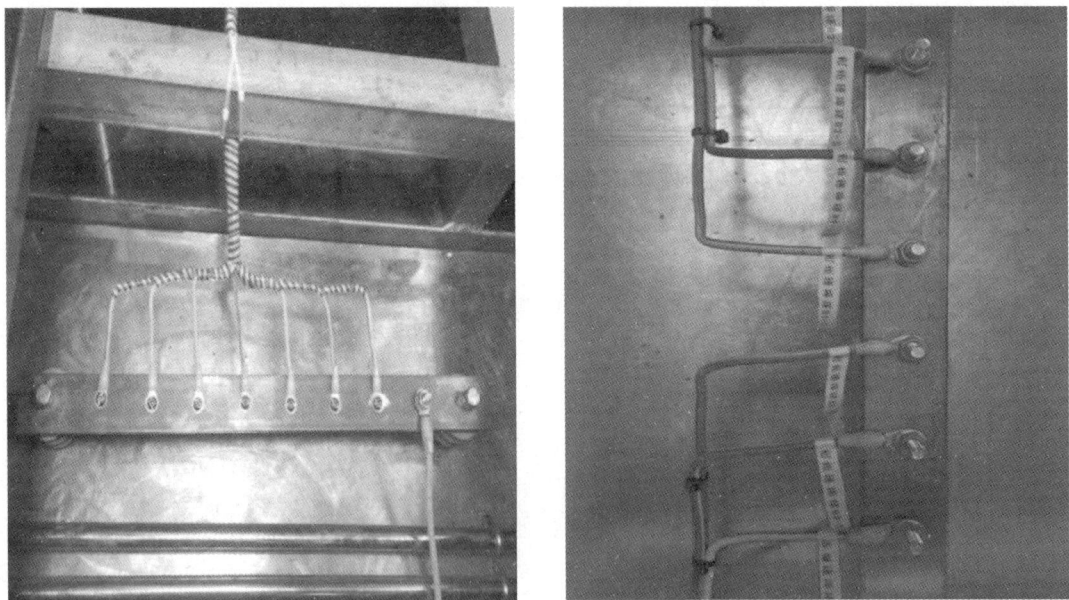

图 6-5-2　接地牢固可靠

# 第七章　电梯工程难点与解析

## 7.1　机房设备、电缆槽盒、井道设施安装

### 7.1.1　机房设备安装

◎**工作难点：** 机房曳引系统体积、质量较大，架机梁固定不牢靠，导致运行中异响、震动。

### 解 析

架机梁与机房地面、墙体连接须用膨胀螺栓固定，调整水平时垫铁材质不统一，导致焊接不牢靠，焊接不规范，曳引机与架机梁之间减震垫安装固定不牢靠，机器运转时易引起共振，导致异响、晃动。

### 正确做法

1.依据机房土建布置图及现场实测数据，确定承重钢梁位置。其两端施力点必须置于井道承重墙或承重梁上。要求承重钢梁支承长度超过墙中心20mm，且不应小于75mm，在承重钢梁与承重墙（或梁）之间垫一块厚度不小于16mm的钢板，以加大接触面积。2.当电梯承重钢梁有一端架设于楼板上的混凝土基础上时，机房楼板为加厚承重型楼板，或混凝土基础位置有反梁。混凝土基础必须按设计要求加钢筋，且钢筋应与楼板钢筋连接，并在钢梁接触面上加垫厚度不小于16mm的钢板。垫铁材质统一，严禁使用垫片或空心材质。3.减震垫安装方向、厚度、水平度统一，必须固定牢靠。正确做法如图7-1-1所示。

图 7-1-1　曳引机安装牢靠

## 7.1.2　井道设施安装

◎**工作难点：**导轨支架和导轨安装，井道垂直度误差大，导轨接缝不平整。

### 解析

1.井道圈梁与厂家深化图纸支架安装位置有差异。2.导轨支架需一次性焊接成功，不可在调整轨道后再次补焊，影响调整精度。3.导轨接缝处缝隙过大，导致电梯运行晃动、异响。

### 正确做法

1.勘测井道并与土建施工单位进行技术交底工作。2.组合式导轨支架调整完毕，应将其连接部分点焊，以增加强度。固定导轨的压道板、紧固螺栓一定要和导轨配套使用。不应采用焊接或螺栓固定等方法。调整导轨时，为了确保精度，应在导轨支架处、相邻两导轨支架中间设置测量点。3.两列导轨顶面间的距离偏差要求，轿厢导轨应为0～+2mm；对重导轨应为0～+3mm。4.导轨支架在井道壁上安装应固定可靠。预埋件应符合土建布置图的要求。锚栓（膨胀螺栓等）应固定在井道壁的混凝土构件上，其连接强度、承受振动的能力应满足电梯产品和设计要求。5.每列导轨工作面（包括侧面与顶面）与安装基准线每5m的偏差，轿厢导轨和设安全钳的对重（平衡重）导轨，不应大于0.6mm；不设安全钳的对重（平衡重）导轨，不应大于1.0mm。6.轿厢导轨和设有安全钳的对重（平衡重）导轨工作面接头处，不应有连续缝隙，导轨接头处错台不应大于0.05mm，如超过该值应修平，修平长度每端大于150mm。7.不设安全钳的对重（平衡重）导轨接头处缝隙不应大于1.0mm，导轨工作面接头处错台不应大于0.15mm。正确做法如图7-1-2所示。

图 7-1-2　导轨安装平顺

## 7.2　电梯门、层门、地坎、轿厢等安装

### 7.2.1　电梯门系统安装

◎**工作难点**：电梯门系统各机构部件间隙较小、数量多、安装跨度大，井道及门洞垂直有偏差，易产生剐蹭、异响现象。

## 解 析

1.门锁啮合深度过小，导致接触不良，啮合深度过大导致触点易损坏、层门不能正常打开。2.轿门与层门地坎间距过小，导致门刀碰撞层门地坎；间距过大，门刀、门球脱离，导致层门不能正常打开。3.门各机构部件之间的间隙、水平度、垂直度不规范，导致出现开关门异响、剐蹭、自闭力不足等问题。错误做法如图7-2-1所示。

## 正确做法

1.层门地坎至轿厢地坎之间的水平距离偏差为0～＋3mm，且最大距离严禁超过35mm。2.层门锁钩应动作灵活，在电气安全装置锁紧动作之前，锁紧元件的最小啮合长度应为7mm。3.门刀与层门地坎、门锁滚轮与轿厢地坎间隙不应小于5mm。4.层门地坎水平度不得大于2/1000，地坎应高出装饰地面2~5mm。5.严格按照样板线施工定位安装，确保门刀与层门地坎、门锁滚轮与轿厢地坎间隙不小于5mm，层门地坎水平度不大于2/1000，门扇与门扇、门套、门楣、门口处轿壁、门扇下端与地坎的间隙，乘客电梯不大于6mm，载货电梯不大于8mm。正确做法如图7-2-2所示。

图 7-2-1　门系统尺寸偏差较大

图 7-2-2　门系统安装标准

## 7.2.2　轿厢安装

◎**工作难点：**施工空间小，设备体积较大，不易操作，附属装置间隙应符合规范要求。

## 解 析

1.龙门架水平垂直度及轿厢拼接顺序易出错。2.安全钳间隙过小，运行中易卡死；间隙过大，将导致轿厢无法制停。3.导靴间隙过小，易产生异响及靴衬损坏；间隙过大，将导致电梯运行摆动。

## 正确做法

1.龙门架安装位置正确，连接可靠、牢固，横梁水平度＜3/1000，垂直度＜1/1000，轿箱架对角偏差小于2mm。轿厢拼接顺序为下梁、立柱、上梁、轿底、轿壁、轿顶，安全钳在安装下梁时提前安装。2.安装安全钳楔块，楔块距导轨侧工作面的距离调整到3～4mm(安装说明书有规定者按规定执行)，且四个楔块距导轨侧工作面间隙应一致，然后用厚垫片塞于导轨侧面与楔块之间，使其固定，同时把老虎嘴和导轨端面用木楔塞紧。3.上、下导靴中心与安全钳中心三点在同一条垂线上，不能有歪斜、偏扭现象；固定式导靴调整其间隙一致，内衬与导轨两工作侧面间隙，按厂家说明书规定的尺寸调整，与导轨端面间隙偏差控制在0.3mm以内；弹簧式导靴应随电梯的额定载重量而调整其尺寸，使内部弹簧受力相同，保持轿厢平衡；滚轮导靴安装平正，两侧滚轮对导轨的初压力应相同，压缩尺寸按照制造厂规定调整，若厂家无明确规定，则根据实际情况调整各滚轮的限位螺栓，使侧面两滚轮的水平移动量为1mm，顶面滚轮水平移动量为2mm。导轨顶面与滚轮外圆间隙值不大于1mm，并使各滚轮轮缘与导轨工作面保持相互平行。正确做法如图7-2-3所示。

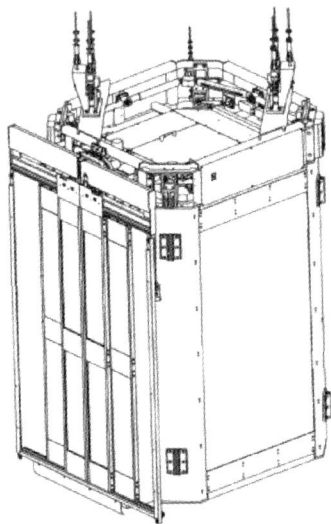

图7-2-3　桥箱安装标准

## 7.3 电梯平层系统安装

### 7.3.1 平层系统安装

◎**工作难点**：隔磁板与平层感应器易发生碰撞、剐蹭及切入深度不够。

### 解析

隔磁板安装精度较高，容易偏高或偏低，导致电梯停车不在平层。

### 正确做法

确定平层感应器安装位置，用螺栓将感应器固定在感应开关架上，感应开关架用螺栓固定在轿厢上，将隔磁板安装在每层导轨相对应的位置上，确保隔磁板处于感应器居中位置，隔磁板切入深度不小于2/3，垂直偏差不大于1mm。正确做法如图7-3-1所示。

图 7-3-1　隔磁板居中及切入深度标准

# 7.4　自动扶梯（步道）梯级、梳齿板、围裙板、扶手等安装

## 7.4.1　梯级安装

◎**工作难点：** *梯级运行过程中易产生摩擦，抖动及异响。*

### 解析

1.梯级与梯级、围裙板、梳齿板之间间隙过小，或不居中易导致碰撞、摩擦。2.梯级链张紧不一致，导致运行抖动、摩擦、梯路倾斜、异响等问题。

### 正确做法

1.预装每台扶梯的主梯级，使梳齿片与梯级之间的间隙符合要求。2.从下层站开始，安装梯级总数的45%，在下层站根据现时的梳齿片对梯级进行调节。将梯级放到梯级链的轴上，将弹簧压销与轴颈上的孔对中，直至听到咔嗒声。3.梯级通过梳齿片时应居中，无卡阻现象。4.梯级路面踏板表面应满足：槽深大于10mm，槽宽为5～7mm，齿顶宽为2.5～5mm的等节距的齿形，且齿条方向与运行方向一致。5.梯级链张紧力需调整一致，保证梯级两侧无倾斜、运行平稳、无抖动。

## 7.4.2　梳齿板安装

◎**工作难点：** *易与梯级发生摩擦、撞击*

### 解析

1.梳齿板与梯级不居中，导致摩擦、碰撞、断齿等现象。2.梳齿板切入深度不够，导致安全开关不能正常检测、失效等现象。

### 正确做法

1.梳齿板支撑在前沿板上，同时也作为梳齿的固定面，其水平角大于400。梳齿板的结构应为可调式，以保证梳齿与踏板齿槽的啮合深度大于6mm，与胶带齿槽的捏合深度大于4mm。2.齿的宽度≤2.5mm，端部为圆角。3.自动人行道的胶带应具有沿运行方向，且与梳齿板的梳齿相啮合的齿槽。4.胶带齿槽的高度不应小

于1mm，齿槽深度不应小于5mm，齿的宽度不应小于4.5mm，且不大于8mm。

## 7.4.3 围裙板安装

### 解析

1.围裙板安装接缝处不平整，与梯级间隙太小导致与梯级摩擦、剐蹭。2.安装顺序错误或缝隙大，导致油污渗漏进电梯机室。

### 正确做法

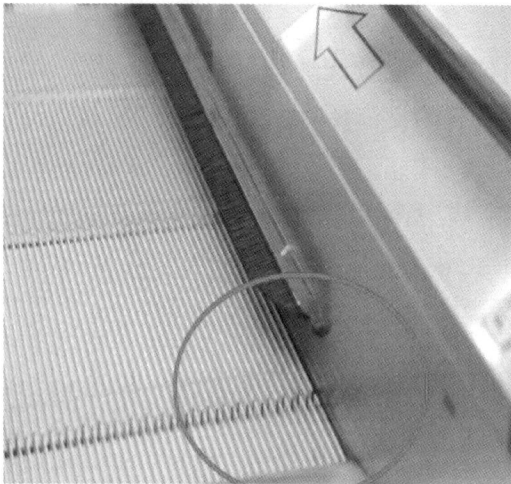

图7-4-1　围裙板安装垂直，缝隙满足要求

1.围裙板应垂直安装且相互对缝，接缝处凸台不应大于0.5mm；围裙板与梯级任何一侧的水平间隙不应大于4mm，两侧间隙之和不应大于7mm。2.围裙板应垂直，围裙板上缘与梯级、踏板或胶带踏面之间的垂直距离不应小于25mm。3.围裙板应坚固、平滑，且对接缝。长距离自动人行道跨越建筑伸缩缝时，围裙板的对接缝可采用特殊方法替代。4.安装底部护板应按照先上后下的搭接顺序进行，防止机内油污渗漏到底部护板下，污染室内物件。正确做法如图7-4-1所示。

## 7.4.4 扶手带安装

### 解析

1.扶手带张紧调整不合适，与导向轮有摩擦、扶手带停转或速度异常。2.扶手带与护臂边缘或防攀爬装置间隙小、易夹手。

## 正确做法

1.将扶手带整体放置于扶梯上，从驱动端开始安装，确保扶手带不会滑落；然后将返程段扶手带放置到位，防止扶手带从支撑轮和导向轮上脱落，自上而下全部安装完成。导向轮应与扶手带居中安装，调整张紧装置，从上部和下部，分别用15～20kg的力拉扶手带，扶手带不停，为张紧装置调整合适。扶手带与梯级运行速度差应符合0～2%。2.扶手带与护壁边缘之间的距离不应超过50mm。3.扶手带距梯级前缘、踏板面或胶带面之间的垂直距离不应小于0.9m，且不大于1.1m。正确做法如图7-4-2所示。

图 7-4-2　扶手带安装合理

## 7.5　接地系统安装

◎**工作难点：曳引机本体及型钢基础，没有单独与保护导体连接。**

## 解 析

1.电梯采用TN-S三相五线制，接地线与零线应单独连接。2.电动机、型钢基础均应与保护导体可靠连接。3.接线端未压线鼻子、虚接或连接不牢靠。错误做法如图7-5-1所示。

## 正确做法

1.接地线与零线应严格分开、无绞接，接地线采用黄绿双色线。2.接地线连接时须绕3～5圈，留有伸缩余量。3.接地线应有线鼻子，以保证固定接触牢靠，接地点应有明显标识。电梯设备外壳与型钢梁应单独与保护导体可靠连接，金属线槽应做好接地跨接。正确做法如图7-5-2所示。

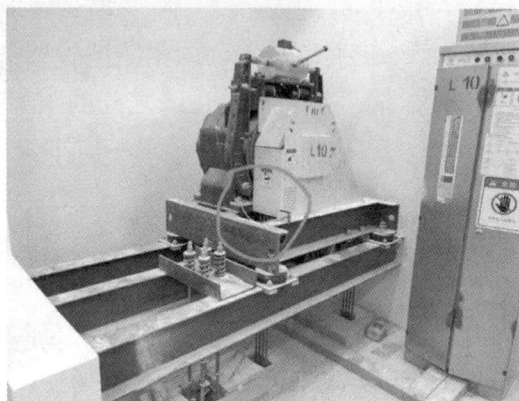

图7-5-1 电动机、型钢梁串联接地

图7-5-2 电动机、型钢梁正确接地

创 新 篇

# 第八章 机电设备安装工程技术创新

## 8.1 装配式制冷机房施工技术

### 8.1.1 创新技术名称：装配式制冷机房施工技术

应用工程：陕西奥体中心项目

应用单位：陕西建工集团有限公司；陕西建工第三建设集团有限公司

### 8.1.2 关键技术及创新点

为积极推广工厂化预制加工技术，陕西奥体中心项目经过探索及实施，对冷冻机房进行整体预制加工。通过持续2个月深化设计及优化，各专业共同协作，依托BIM技术和工厂化预制加工理念，实现BIM全过程应用、工厂化预制、现场装配式安装，打造全模块化装配式机房。实施关键技术如下：

**1. 综合深化设计**

（1）空间布局优化：利用BIM技术，对设备安装、运行空间、建筑构造及细部节点进行三维建模，可视化模拟施工过程，消除碰撞、工序干扰等问题，合理安排各专业施工顺序，确保设备安装工程一次成优。空间布局优化如图8-1-1、图8-1-2所示。

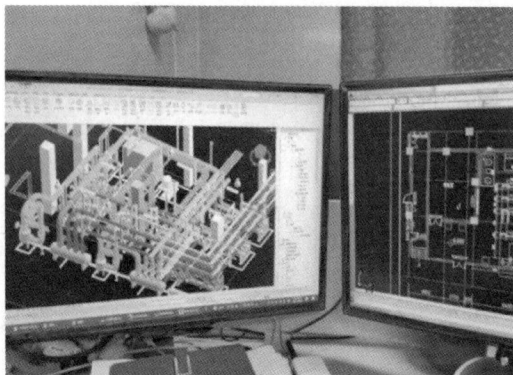

图 8-1-1　三维可视化建模

图 8-1-2　现场复核尺寸

（2）管线优化：项目部充分考虑制冷机房的维检修空间、检修通道，所有设备、阀门排列整齐、美观，手动机构操作方便，对管线进行优化调整。将直角三通优化成顺水三通，有效减少空调水系统阻力，提高运行效率。共计减少管道58m，减少管件38个，管线优化如图8-1-3所示。

（3）支吊架优化：根据管径大小及空间要求，结合管道荷载计算，选择支吊架形式和排布方式。确定支吊架方案，通过结构荷载受力计算，验证支吊架方

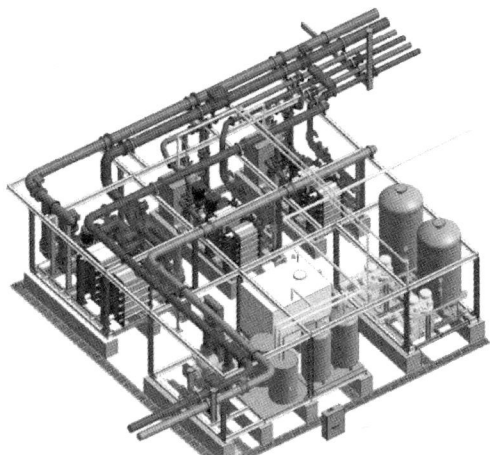

图 8-1-3　管线优化三维图

案的可行性。根据项目实际情况，尽可能使支吊架排布科学、合理、美观，通道更加宽阔。

（4）模块集成优化：利用BIM技术对机房进行模块化设计，将机房设备管道划分为10个预制模块及42根预制管段进行加工。装配式施工能大大提高施工质量及推进施工进度，为机电安装一次成优提供保障。本项目结合管线及支吊架优化结果，对模型和支架进行模块化拆分，如图8-1-4、图8-1-5所示。

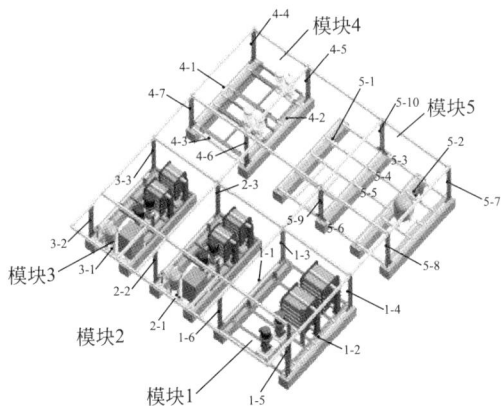

图 8-1-4　换热站模块装配图（1-1～5-10为14号工字钢）

图 8-1-5　管HJ-1安装图（模块1框架）

### 2. 工厂化预制加工

（1）管段预制加工：集成模块优化完成后，根据优化结果对管道进行分段拆分、编号，在模块化加工厂进行加工，如图8-1-6所示。

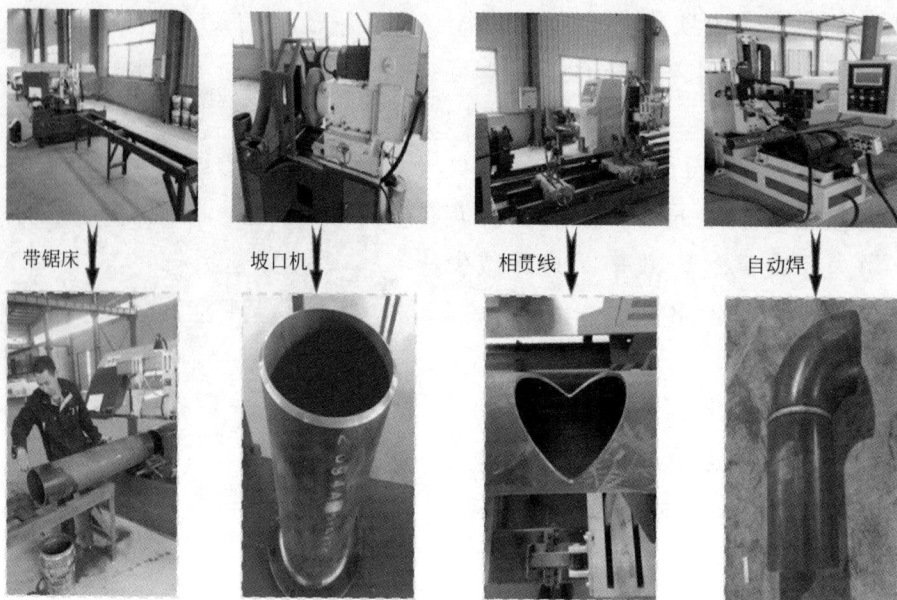

图 8-1-6　管段预制、加工

（2）支吊架预制加工：根据优化结果对支吊架进行分段、编号、工厂化批量加工。如图 8-1-7、8-1-8 所示。

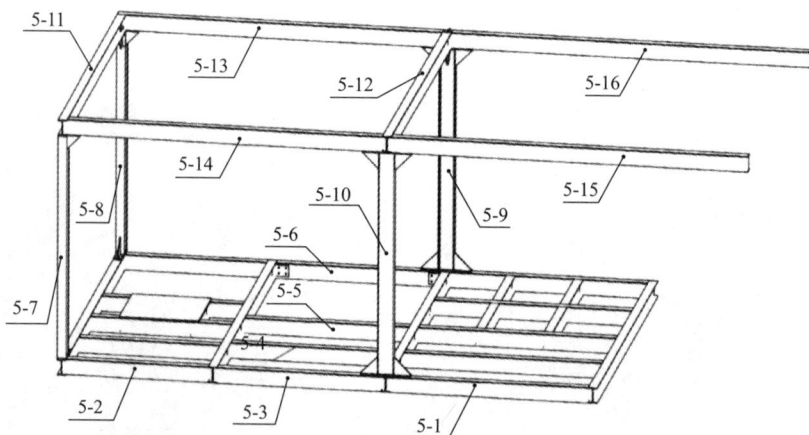

图 8-1-7　支架框架图（5-1～5-16 为 14 号工字钢）

（3）模块预制组装及运输：

① 管道及附件加工：根据 BIM 模型精准下料，将管道与阀门等预拼装，如图 8-1-9 所示。

② 泵组的组装：将惰性块、水泵、管段，减震器与钢构体系进行拼装，形成

泵组模块，如图8-1-10所示。

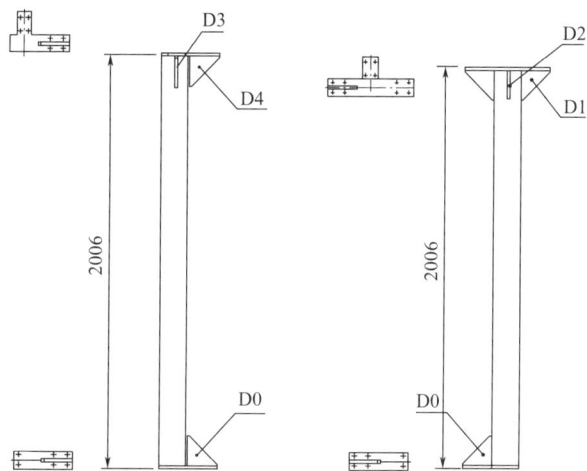

图 8-1-8 支架加工图（D0 ~ D4 为肋板）

图 8-1-9 管段及附件组装

图 8-1-10 泵组模块拼装

③ 运输；根据模块几何参数，对模块进行编号，确定运输顺序及路线，运至施工现场。

### 3. 施工现场拼装

（1）根据系统编码，确定安装流程。通过特制的管道夹具固定冷机立管；叉车运输至相应编码的冷机前，进行管道安装。

（2）将管道与支架整体固定提升，通过特制插销，连接支架与事先预埋在结构上的钢板，高强螺栓连接，实现无焊作业。

（3）采用卷扬机牵引、地坦克滑动等运输方式，将泵组运输到装配位置，通过活套法兰实现泵组之间的严密连接，实现水泵加惰性快的整体拼装，如图8-1-11所示。

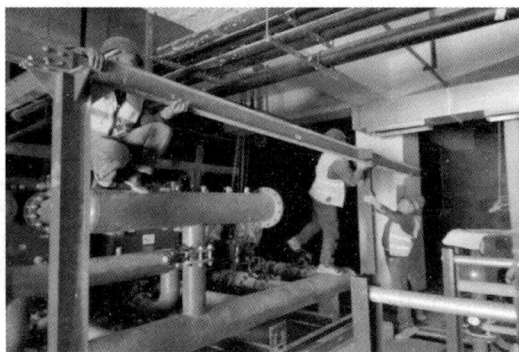

图 8-1-11　安装现场

（4）装配完成后，依据施工规范及图纸设计进行验收，并对站类管道进行强度和严密性试验，为后续系统调试、保温和交付验收做好准备。

## 8.1.3　应用范围及效果

本工程目制冷机房采用场外工厂化预制加工方式，极大的提高了施工效率，节约了人工成本。并且场外预制加工，不受现场机房、进度、场地等条件的限制，缩短了施工周期，保证了施工质量。

陕西奥体中心体育馆项目全BIM模型应用，优化了管综构造，合理利用现有空间。机电工程制冷站、换热站通过BIM技术深化，装配式、模块化安装，节约材料费3.3万元，节约人工费2.22万元，节约工期45天。通过提高机械加工度，降低劳动强度，减少现场施焊，绿色、节能、环保。开创了装配式、模块化施工新模式，积累了企业BIM族库，其关键技术获评国家实用新型专利、陕西省省级工法等，同时，该工程于2022年获评中国安装工程优质奖（中国安装之星）、中国建设工程鲁班奖（国家优质工程）。

# 8.2　风量平衡静压箱应用技术

## 8.2.1　创新技术名称：风量平衡静压箱应用技术

应用工程：人民日报社报刊综合业务楼

应用单位：中国新兴建设开发有限责任公司

## 8.2.2　关键技术及创新点

风量平衡静压箱进风口接在风管支管上，出风口接直径200mm铝箔保温消声软风管，软风管再与空调送风口连接。在风量平衡静压箱每个出风口处均设置调节叶片，利用Airpak软件，精确模拟静压箱内气流组织形式、动态描绘空气流动轨迹，准确调节叶片角度，均匀分配风量，提高空调系统综合性能及使用舒适度。如图8-2-1、图8-2-2所示。

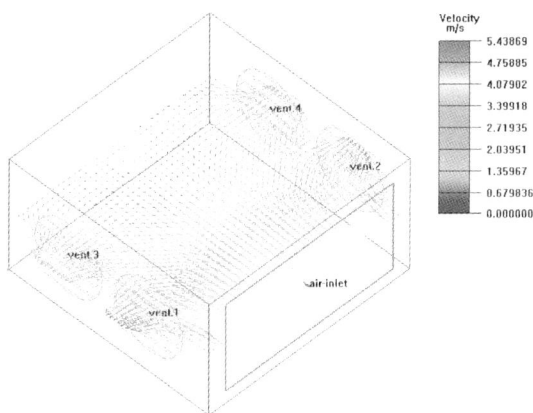

图 8-2-1　Airpak 软件分析截面气流速度立面分布

图 8-2-2　送风口可调节装置

## 8.2.3　应用范围及效果

综合业务楼项目通过Airpak软件模拟、出厂前风量平衡等创新风量平衡静压箱技术应用，节省了有限的吊顶空间，提高了空调系统舒适程度。风量平衡静压箱与空调送风口之间可采用铝箔保温消声软风管代替镀锌钢板风管连接，使风管走向更具有灵活性，达到了良好的实际应用效果。该技术得到业内专家一致好评，同时，该工程于2018年获评中国建设工程鲁班奖（国家优质工程）。

# 8.3　通风超静音系统技术

## 8.3.1　创新技术名称：通风超静音系统技术

应用工程：中国石油科技信息楼

应用单位：江苏南通三建集团股份有限公司

## 8.3.2　关键技术及创新点

1.通风超静音系统关键技术：排风机通过基座下垫减震垫坐落在设备基础上，预埋在设备基础地脚螺栓固定排风机基座；排风机通过软接头与止回阀、消声器连接，排风机两边连续安装两节消声器；风管、消声器通过减震垫固定在钢支架上，钢支架固定在屋面上；风管垂直穿过墙体，洞口与风管之间留有缝隙宽度10 ~ 20mm，填充聚氨酯硬发泡剂20mm，两边留缝深度5 ~ 8mm，打嵌密封胶（防火墙内侧填嵌20mm厚防火泥）。

2.创新点：风通过风管流经消声器，再经软接头，消声后流经排风机，再经软接头，经止回阀流再流入消声器，进一步消声后排入大气层。同时由于风管与墙、风管与支架之间软性连接，排风机通过底座下垫减震垫坐落在设备基础上，均有减震消声作用。

3.消声器结构、构造：用Φ8钢筋做框边，Φ4钢筋箍，组成矩形框架，焊接"十"字钢筋加固，并将钢筋骨架焊接到法兰上，外包镀锌钢丝网，再包玻璃布，再外包20mm超细玻璃棉毯，最外层包镀锌钢板外壳，开成了内吸式消声器。如图8-3-1、图8-3-2所示。

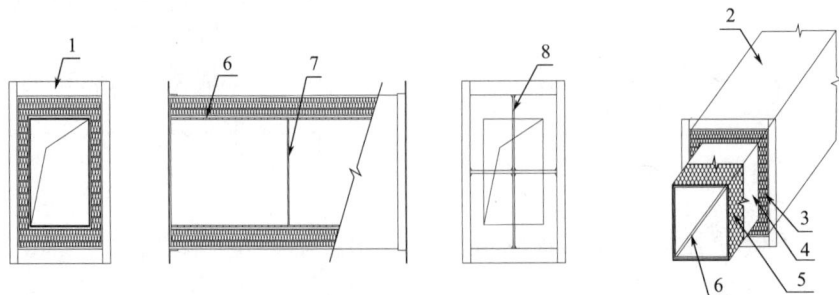

图 8-3-1　消声器结构、构造

1—连接法兰；2—外壳镀锌钢板；3—20mm 超细玻璃棉毯（≥ 48kg/m³）；4—玻璃布；5—镀锌钢丝网；6—Φ8 钢筋框边；7—Φ4 钢筋箍（中距 450mm）；8—Φ6 钢筋固定框（焊于两端法兰上）

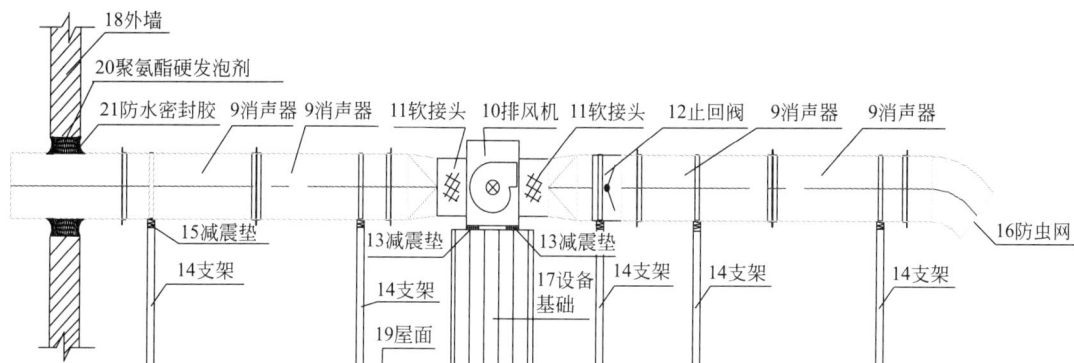

图 8-3-2　通风超静音系统

9—消声器；10—排风机；11—软接头；12—止回阀；13—减震垫；14—支架；15—减震垫；
16—防虫网；17—设备基础；18—外墙；19—屋面；20—聚氨酯硬发泡剂；21—防水密封胶

## 8.3.3　应用范围及效果

该技术在中国石油科技信息楼项目中进行应用；按规定离风口 1m 处进行噪声测试，为 34dB，建筑物内外听不到明显的噪声，达到了良好的实际应用效果。其关键技术获评国家实用新型专利，同时，该工程于 2018 年获评中国建设工程鲁班奖（国家优质工程）。应用效果如图 8-3-3、图 8-3-4 所示。

图 8-3-3　室外通风超静音系统实物图（一）

图 8-3-4　室外通风超静音系统实物图（二）

# 8.4　浮板水泵减震基础施工技术

## 8.4.1　创新技术名称：浮板水泵减震基础施工技术

应用工程：内蒙古自治区儿童医院

应用单位：内蒙古兴泰建设集团有限公司

内蒙古自治区
儿童医院

## 8.4.2　关键技术及创新点

水泵的正确安装和稳固的基础是水泵平稳运行及低噪声的重要因素，水泵浮板基础采用钢筋混凝土制作，为提高设备运行质量和消除不平衡受力，水泵底座和钢筋混凝土底座之间采用直接锚固连接方式，为减少水泵震动传递给建筑构件，水泵基础与建筑构件之间采用弹性件（阻尼弹簧减震）隔离。如图 8-4-1、图 8-4-2 所示。

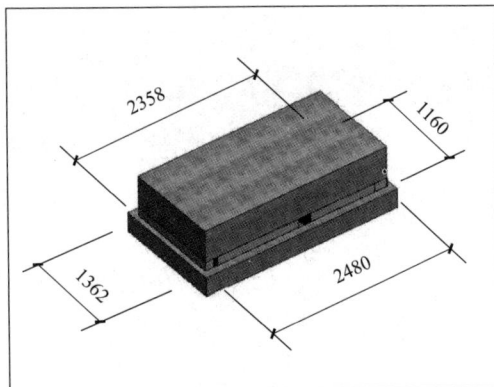

图 8-4-1　水泵基础示意三维图

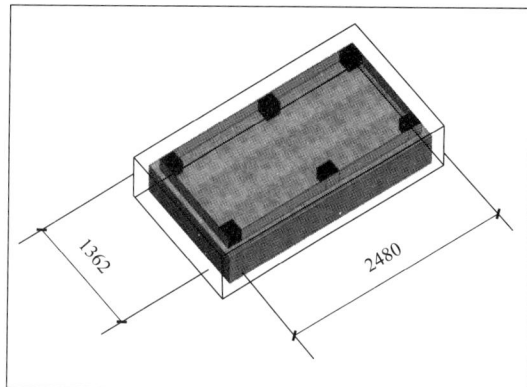

图 8-4-2　水泵基础水平方向剖面图

　　地面基础要求水平且混凝土强度达到设计要求，水泵安装的总重量必须与阻尼减震器的载荷相匹配，严禁承载其他载荷。减震器直接固定于地面基础，安装时采用千斤顶，缓慢放置于减震器上。钢筋混凝土基础重量约为水泵重量的 1.5 ~ 2 倍，水泵运行重量约为水泵重量的 1.5 倍，水泵安装的总重量为水泵及运行重量和钢筋混凝土基础重量之和。

　　为了保证运行安全，地面基础与水泵钢筋混凝土底座之间采用 0.5mm 厚的不锈钢装饰条封边，防止水泵在使用中有杂物填塞，影响设备的正常运行。不锈钢板封边上口与水泵钢筋混凝土底座间必须留设间隙，间隙具体尺寸视水泵运行震动产生的变形量而定。该项目经计算，单台水泵选用 6 组 ZGT-900 阻尼弹簧减震器。如图 8-4-3 ~ 图 8-4-5 所示。

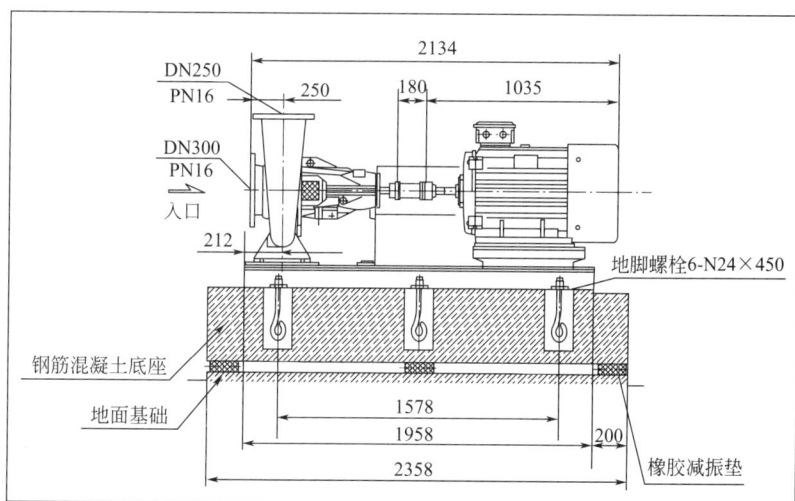

图 8-4-3　水泵基座立面图

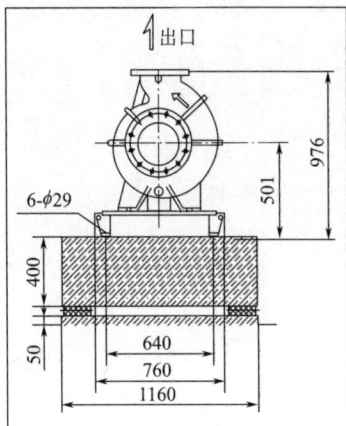

图 8-4-4 水泵基座立面图

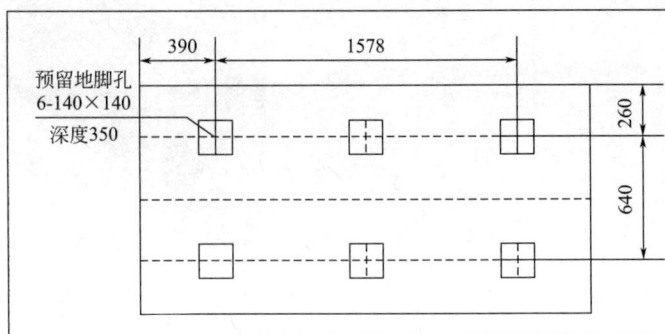

图 8-4-5 地脚螺栓预留孔位图

## 8.4.3 应用范围及效果

该减震基座主要适用于水泵功率较大，对噪声环境要求较高的设备用房，如：适用于医院、酒店等多功能用房。本施工方法水泵浮板基础采用钢筋混凝土制作，并将水泵基础与建筑构件采用弹性件（阻尼弹簧减震）隔离，使得设备运行状态平稳、降低噪声低等效果。该技术在内蒙古自治区儿童医院项目上进行应用，技术新颖实用，效果明显，同时，该工程也于2018年获评中国建设工程鲁班奖（国家优质工程）。应用效果如图8-4-6所示。

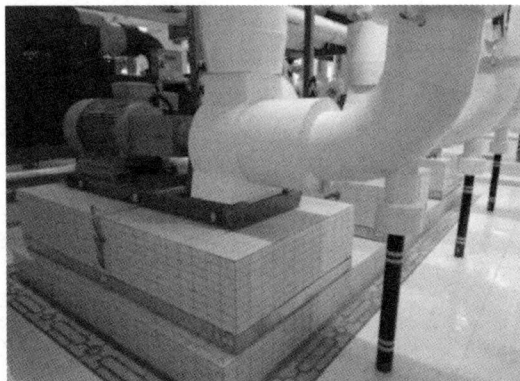

图 8-4-6 浮板水泵减震基础安装实物图

# 8.5 涂塑桥架的新型接地跨接方式

## 8.5.1 创新技术名称：涂塑桥架的新型接地跨接方式

应用工程：苏州国际财富广场

应用单位：上海建工一建集团有限公司

## 8.5.2 关键技术及创新点

项目处于多雨潮湿的华东地区，地下室等区域电气桥架采用了"热镀锌+防火塑"的复合涂层方式，传统的接地跨接方式采用软铜线及接地毛爪方式，如图8-5-1所示，该跨接方式存在连接不可靠的缺陷。

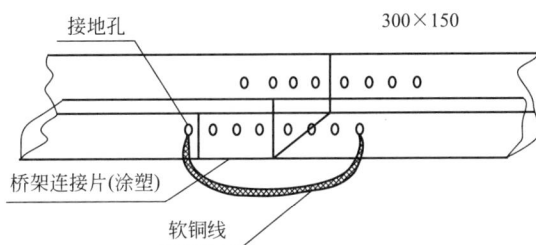

**图 8-5-1**　传统桥架跨接示意图

经有关技术人员充分讨论后，采用了连接片内侧及桥架端头外侧150mm不涂塑的新型接地跨接方式，桥架与连接片的锌层直接接触形成电气通路，增加了接地跨接的可靠性，具体做法如图8-5-2所示。

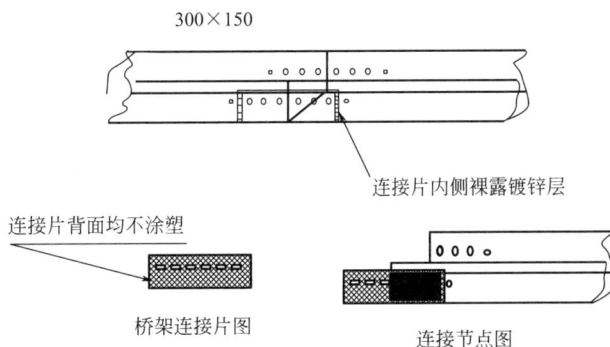

**图 8-5-2**　新型接地跨接方式示意图

### 8.5.3 应用范围及效果

苏州国际财富广场项目的所有"热镀锌+防火塑"桥架均采用了新型接地跨接方式，紧固连接片的同时也做好了桥架的接地跨接，增加了接地跨接的可靠性，解决了多雨潮湿环境下传统跨接方式连接不可靠的缺陷。同时，该工程也获得了于2018年获评中国建设工程鲁班奖（国家优质工程）。应用效果如图8-5-3所示。

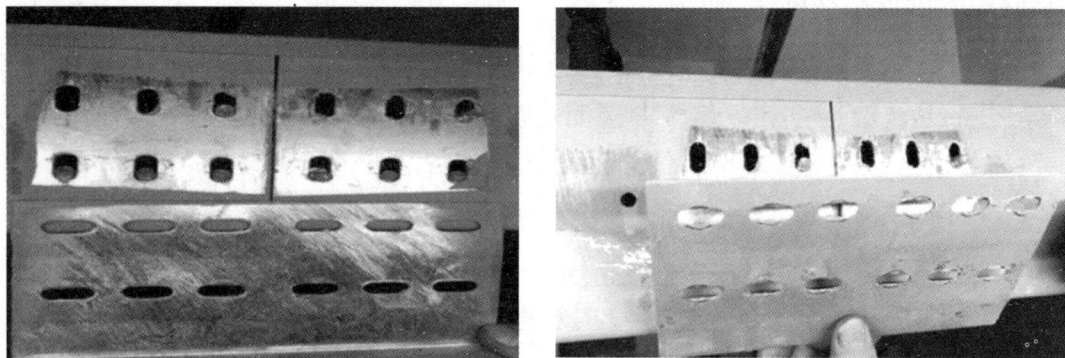

图 8-5-3　新型接地跨接技术应用效果实物图

## 8.6　管道精确安装定位校正卡具技术

### 8.6.1　创新技术名称：管道精确安装定位校正卡具技术

应用工程：葫芦岛市中心医院儿科及内科病房楼工程
应用单位：辽宁绥四建设工程集团有限公司

### 8.6.2　关键技术及创新点

使用该新型设计的校正卡具技术，首先将排水立管沿Y方向调整到位，然后将夹具固定在立管上，通过调整螺母精调，提高了安装准确度及精度，大大加快了安装进度。该校正卡具巧妙地结合了现有排水管道和结构支撑的受力特点，利用固定装置和调整装置实现了结构的牢固安装与精调定位，可周转循环使用，节能环保。如图8-6-1、图8-6-2所示。

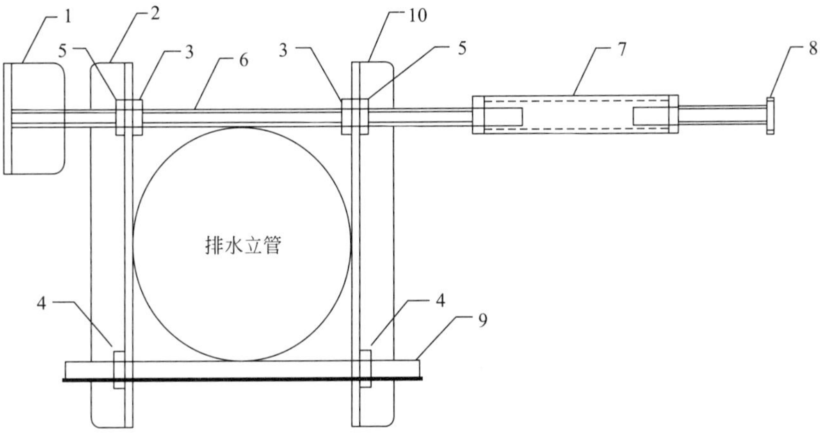

图 8-6-1　校正卡具示意图

1—角钢支撑；2—夹紧装置Ⅰ；3—锁紧螺母Ⅰ；4—锁紧螺母Ⅱ；5—调整螺母；
6—丝杠Ⅰ；7—焊接螺母；8—单头螺钉；9—丝杠Ⅱ；10—夹紧装置Ⅱ

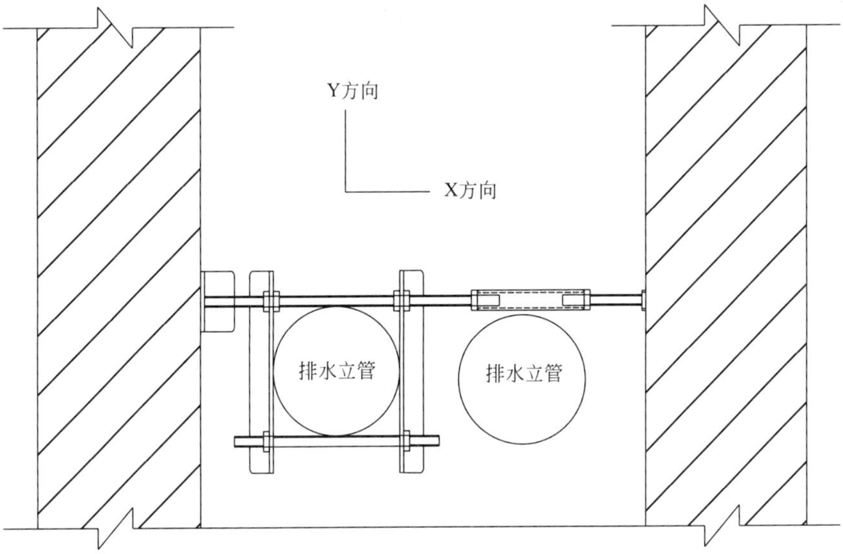

图 8-6-2　校正卡具剖面

## 8.6.3　应用范围及效果

　　该技术适合狭小空间管井内管道安装，不仅可以提高安装效率和精度，而且相对于现有的安装工艺，具有很好的性价比，经济效益显著。该技术在葫芦岛市中心医院儿科及内科病房楼工程中进行应用，其关键技术获评国家实用新型专利，同时，该工程于2018年获评中国建设工程鲁班奖（国家优质工程）。应用效果如图8-6-3所示。

图 8-6-3　校正卡具技术应用实物图

# 8.7　新型机电管线标识活字软磁喷涂施工技术

## 8.7.1　创新技术名称：新型机电管线标识活字软磁喷涂施工技术

应用工程：北京新机场南航基地第二标段生产运行保障设施项目
施工单位：中国新兴建设开发有限责任公司

## 8.7.2　关键技术及创新点

1.统计标识规格数量。认真审阅图纸，掌握设备、管线、保温材质，系统种类、尺寸、管径等情况，并汇总数据，形成《管线标识字体大小对照表》《图形大小尺寸对照表》。确定标识字体、字号大小及图形形状、尺寸，根据施工计划、安排、耐用损耗等确定标识模板数量。

2.分类整理。根据标识统计数量使用活字模板及嵌压板，借鉴中国传统活字印刷工艺，如给水系统、热水系统、中水系统、排水系统、空调水系统等，只需制作磁贴喷漆版"给""热""中""排""雨""空调"及"水""管道"等，在使用中可拼贴使用，灵活方便也便于携带。在使用中将活字版嵌入底层嵌压板中。

3.模板制作。根据已确定标识字体、字号大小及图形形状、尺寸颜色，确定字体宽度、高度、间距，需特别注意喷漆板因需保证字体部分结合不镂，需采用专用"连筋字体"，可在三维模型中确定效果。现有软磁板字模制作成熟技术有：激光切割、3D打印等。加工前需逐项确认图样，并核实连筋字体结合不镂部位强度。打样试喷后确定效果后制作如图8-7-1所示。

4. 现场位置确定。借助激光水平尺等量具选定标识部位，竖向成排管道应以视中（如管井门、管廊中央、通道）管道中线为基准，统一确定高度；水平成排管道应避开管件及遮挡物，标识位置应根据工作人员行走、检修通道的地坪标高确定。

5. 喷漆板初步定位。清理管道表面的油污、锈迹等，保证管道表面光洁。根据现场情况，使用水准仪打出标识位置标高水平线，将软磁板吸贴于管线上，查看整体效果。

图 8-7-1　模板制作图

6. 喷漆板定位及喷头。将软磁板正式吸贴与管道上，确保标识设置在操作面一侧醒目部位，同一面标识应在同一高度上。标识喷涂部位周边如有易污染物，应将定型保护布嵌压在软磁板下，保护布应覆盖住喷雾幅度，然后进行喷涂。如图 8-7-2 ~ 图 8-7-5 所示。

7. 检查及清理验收。使用前可在活字板上两面滚刷薄薄一层淀粉浆，一段时间（或当日施工完毕）或需要更换喷漆颜色时，只需将软磁板放入清水内轻搓冲净即可。

图 8-7-2　底层嵌压板

图 8-7-3　喷漆板定位

图 8-7-4　喷涂

图 8-7-5　应用效果

### 8.7.3　应用范围及效果

北京新机场南航基地第二标段生产运行保障设施项目全面使用软磁喷涂技术，使用该技术制作管道标识，简易方便，可操作性强，标识清晰，观感效果好，且节约资源。其关键技术获评国家实用新型专利，同时，该工程于2020年获评中国建设工程鲁班奖（国家优质工程）。